绿色思慕雪

〔德国〕克里斯坦·古德 / 伯克哈特·海克诗 著　刘静静 译

译林出版社

理论篇

索引

作者简介

克里斯坦·古德（Christian Guth）

医学博士，神经科医生和心理医生

伯克哈特·海克诗（Burkhard Hickisch）

作家、音乐家，绿色思慕雪的第一批铁杆粉丝

> "美食即药，药即美食"
>
> ——西方医学之父希波克拉底

前　言

　　绿色思慕雪是我们这个时代的一种创新营养膳食。它从一个全新的视角发掘了食材中独特的潜能，提升身体机能，有益人体健康。所有新鲜的食材都可以制成这种可口的绿色营养产品，它品质高、制作简捷，新鲜配料唾手可得，是一款真正有益健康的混合能量饮品。喝绿色思慕雪也意味着你在节省资源、保护环境的同时，还加深了与大自然的亲密联系。小小一杯绿色思慕雪老少皆宜，特别适合各个年龄段承受压力以及需要补充营养物质的人群饮用。

　　绿色思慕雪有效保护我们免受现代文明病的困扰，给我们的日常生活带来更多的活力、更多的抵抗力，以及更多的幸福感！绿色思慕雪就是自然慷慨赐予我们的"丰饶角"，每天一杯绿色思慕雪就可以补充人体所必需的营养物质了！

　　祝你在尝试、搅拌和饮用绿色思慕雪的过程中收获更多的乐趣！

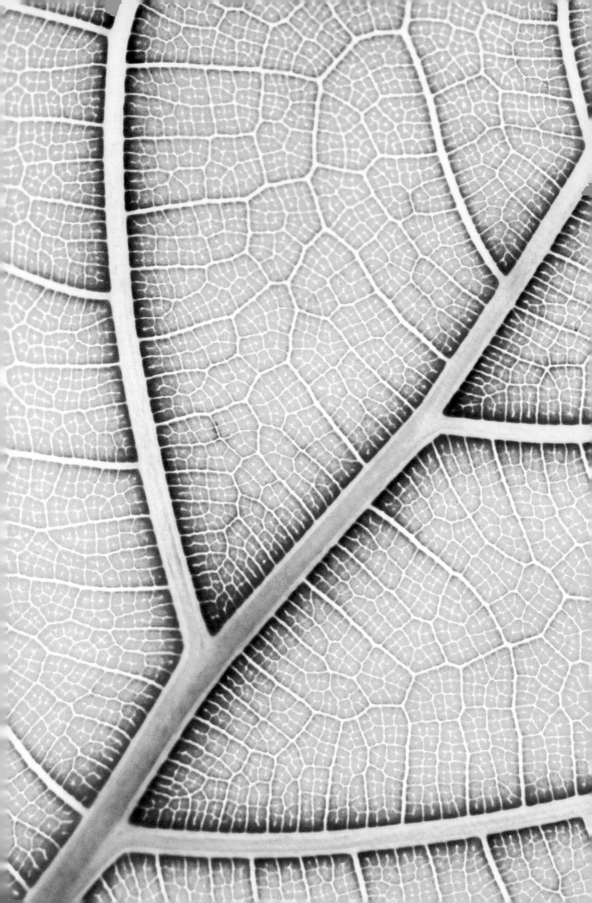

一杯绿色思慕雪，
满载生气活力！

绿色思慕雪带给你简捷、平价的健康美食享受。
绿色思慕雪的独特秘密就在于，
用搅拌机实现了青绿蔬菜与甘甜水果的完美融合。

配制简易，好处多多

绿色思慕雪含有人体所需的大部分营养成分。其中富含的天然绿叶和水果中的营养物质通过搅拌机的细致搅拌后可以被人体毫无障碍地吸收，然后在人体中释放其有效成分维护人体健康。绿色思慕雪的另一个作用就是，品尝它你会感到大自然对我们无微不至的精心照料，因为它的原料全部来自自然的恩赐。由于原料来自当地，不需要长距离运输，加之没有包装垃圾，同时制作过程中也不产生工业废弃物，所以绿色思慕雪十分环保。畅饮绿色思慕雪让你身体健康、精神焕发、身心平和。

为什么绿色思慕雪如此特别?

这种绿色神奇饮品是由绿色植物、水果以及水搅拌而成的混合制品。由于加水多少导致黏稠程度不一，你可以决定是用吸管喝，还是作为西式冷汤用勺子喝。与鲜榨果汁或者蔬菜汁不同的是，在绿色思慕雪的制作过程中我们保留了水果以及绿色植物的所有部分，比如食材中健康的植物纤维以及其他的边角料。我们使这些部分精细融合制成绿色思慕雪，即使相对坚固的物质也可以被人体毫无障碍地吸收利用。绿色思慕雪的另外一个好处就是，制作过程中几乎不会产生垃圾。

高品质值得推崇

绿色思慕雪的独特之处就在于，在制作过程中我们只是把绿叶切碎，除此之外没有对原料进行任何改变。正因为原汁原味，所以很多绿色思慕雪粉丝根据自身多年的食用经验认为，绿色思慕雪是有效预防疾病、长期保持健康的灵丹妙药。

这样的说法也得到了营养学家们的赞同。他们特别指出，绿叶能提供大量的、丰富的高营养物质。同时这也解释了为什么多数情况下植物叶绿素的多样性得不到充分利用的原因。比如有些品种的生菜、花园里种植的药草、根类植物的叶子、绿色甘蓝类蔬菜、野生蔬菜以及灌木叶和树叶通常尝起来都比较苦，这种苦涩是我们现代人的味觉所不习惯的。这是因为我们在后天培育那些尝起来苦涩的蔬菜水果时将它们的苦味去除了。除此之外，很多人已经不习惯像我们祖先那样去细致地咀嚼食物了，虽然我们都知道通过咀嚼，人体组织可以获得植物中的高营养物质。绿色思慕雪能帮助我们解决这个难题，把精心准备的果蔬放入搅拌机中搅拌，充分混合，这样制成的绿色思慕雪能帮助我们全面利用绿色植物中的营养物质，在制作过程中那些看似要丢弃的部分也能被恰如其分地利用，不至于把它们丢弃。

小知识

绿色思慕雪的起源

2004年营养学家维多利亚·宝特克（Victoria Boutenko）提出了这一概念，标志着绿色思慕雪正式诞生。绿色思慕雪营养膳食的想法很简单，就是不需要彻底改变饮食，像当前就好，你需要做的只是尽可能多地去喝绿色思慕雪。

绿色思慕雪的构成

一杯绿色思慕雪基本是由 50% 的绿色植物和 50% 的水果混合而成。

这个比例指的不是它们各自的重量，而是指其体积。制作过程中目测一下就可以，绿叶的比重可以增加，但是水果的比重最好不要增加。绿色思慕雪的黏稠度取决于加水量，所以请你在不断尝试的基础上找出合适的黏稠度，寻找最适合自己的口感。你还可以添加少量的姜或者桂皮等独特的配料，这样可能会让绿色思慕雪的口感更好哦。相关建议你可以参阅 73 页开始的"魔法配方篇"。

超级简单的制作方法

包括清理厨房用具，制作数份绿色思慕雪只需要花费你 5 分钟的时间。你只需要把清洗过的浆果或者切碎的果实以及绿叶以相同的比例放入搅拌机，加入适量的水，转动搅拌机，立马你就拥有了一顿健康的美食。用水清洗搅拌机、刀、砧板，然后就完成了。

含有植物抗氧化剂，保存更长久

活跃的氧分子，即自由基，会造成氧化、破坏营养物质，但是绿叶、皮以及果仁中含有的抗氧化剂恰好可以中和这些活跃的氧分子，所以思慕雪即使冷藏 3 天，也依然新鲜如初。因为绿叶和果实在磨碎之后，抗氧化分子被均匀地分配到思慕雪中，抑制了氧分子的作用。如果你没有时间每天做思慕雪，那完全可以一次准备几天的量。

绿色思慕雪，总有你最爱的那一款

绿色思慕雪的美妙之处就在于，它可以根据个人喜好随心调制。除了你的最爱配方外，你不妨尝试一下其他花样，尝试不断添加各种新配料。只需要谨记制作的黄金法则就可以：

保持一定的绿叶与果实的混合比。绿叶比重越高，制成的亮绿色的思慕雪越好，越容易消化。

小知识

速食水果思慕雪

超市里摆放在冷藏架上的水果思慕雪是一种很实惠的餐食，如果偶尔你想吃，一定要注意以下事项：

- 配料里最好只有水果。牛奶、酸奶、谷物麦片、糖、增稠剂、香精以及防腐剂都会降低思慕雪的品质。
- 速食水果思慕雪都是用巴氏法灭过菌的，因此明显比新鲜水果含有的营养素少。
- 普遍而言，速食思慕雪含有较少的粗粮成分。
- 高糖分水果会促进食欲，造成新陈代谢的紊乱，使人发胖。
- 塑料瓶子会产生垃圾，最好选用玻璃瓶装思慕雪，这样你至少可以重新利用那些漂亮的小玻璃瓶，比如可以用它们来储存你想用吸管吸食的绿色思慕雪。

13

尽情享受改变

你可以立马开始，但并非一定要颠覆你固有的饮食习惯。把这款绿色健康食品列入你的日常菜单中，以此开始，你将慢慢感受到奇妙的变化。你的身体为此欢呼，因为身体在享用绿色思慕雪的过程中终于获得了其完美运转所需的营养物质，所以你的身体就会很快充满活力。

全新的好习惯

绿色思慕雪为身体提供理想的营养物质，它的味道更是让人欲罢不能。这样你的身体会越来越偏好健康自然的饮食。很多人也说，自从开始喝绿色思慕雪，他们对咖啡就没有多大的胃口了，也不会吃太多的甜食，不馋肉了，也不想抽烟了。

如果你开始食用这款绿色"宝贝"，那就很顺畅地实现了向自然健康饮食的转换了，为此你不必制定大量规则，不必信誓旦旦，你只需要遵循身体的自身需求就好。这点和你以前改变饮食的经历截然不同，因为这次你不必强迫自己。相反，那些不健康的饮食习惯、易使人发胖的食品都与绿色思慕雪不相容，你几乎会与它们绝缘。我们经常会听到有人吃惊地说："我好久都没碰过这些东西了。"

通过食用绿色思慕雪，我们可以获取前所未有的丰富的营养物质，工作能力和健康程度都会因此得到提高。

饱腹感、幸福感常伴左右

如果没有绿色思慕雪，那人们也会想方设法去发明创造它，因为绿色思慕雪是营养物质最理想的供给者，食用绿色思慕雪即可尽享高品质的美食。我们都有这样的经验：如果真喜欢吃什么东西，肯定是虽久不弃。正因为这样，很多人常年食用相同的东西，每个人都有自己的"保留菜品"，这样就导致身体总是选择单一的营养物质。是时候把绿色思慕雪提上饮食计划了：不断翻新的口味一定能给你带来惊喜，并启发你尝试各种新花样！只有这样你的身体才能获得多种多样的营养物质，也正是这些营养物质才能确保你精力充沛、体魄健康、面容姣好。慢慢地，舌头就会恋上食物原本的味道以及配料的香味，渐渐地或许在听到搅拌机的运转声时你就已经馋涎欲滴了。

全家的魔力饮料

绿色思慕雪适宜全家各个年龄阶段、处于各种生活条件下的成员食用，祝你及家人制作愉快，用餐更愉快！

婴幼儿

婴幼儿断奶之后就可以喝绿色思慕雪了，这样小家伙在长出牙齿会咀嚼之前就可以享受生的绿叶美食了。稍晚一些时候，他们就可以帮忙采摘和种植绿叶植物了，在这个过程中他们就会认识到是大自然在养育着我们。

学龄儿童和青少年

稍大一些的孩子可以轻而易举地为自己准备一份引以为豪的思慕雪。把透亮的绿色思慕雪装在自己最喜欢的瓶子里随身携带到学校里，课间休息时间就可以补充能量，这样上课时注意力会更集中哦。

上班族和家庭主妇/夫

对于成年人的日常生活而言，绿色思慕雪是超级实用的一份餐点，不论你是在家，还是在上班或是旅途中，它都可以使你精力充沛。同时，它还可以给我们提供充足的营养物质。或许以前在上述情况下，你一般都只能去吃不健康的小吃或者在快餐店果腹。现在你可以不用那么委屈自己了。绿色思慕雪可以保鲜3天，所以你尽可以在闲暇时调制，然后随时取用，野餐和郊游它也是最佳选择。

老人

老人对营养物质的需求更大，食用绿色思慕雪完全可以满足这种需求，对于那些牙齿已经脱落的老人而言更是如此，他们不能把食物咀嚼得足够碎。绿色思慕雪是纯天然绿色食品，经常食用即可强健身体、增强免疫力、提高注意力和各项官能。

采访

维多利亚·宝特克

维多利亚·宝特克祖籍俄罗斯，20 世纪 80 年代末开始在美国生活，是全球著名的生食和健康专家，被誉为"绿色思慕雪之母"。

你是怎么发现绿色思慕雪的？

38 岁时我的健康状态不容乐观，心律不齐，我父亲就是因此而病逝的。当时我的丈夫和孩子们身体也不好。当医生已经对我们全家束手无措时，我开始对另外一种治疗方法满怀期望。从 1994 年开始我们全家开始转变饮食方式，开始食用生食，这个方法没有使我失望，我们全家就这样重获健康。但是几年之后我意识到，我们的饮食中还是缺少了什么东西。

你最终是怎么找到的，你们究竟缺少了什么？

2002 年我开始着手自己的研究。当时我想要弄清楚，对于现代人而言是否存在一种理想的饮食，如果存在，

那它看起来应该是什么样的。不知道什么时候我突然有了这个想法：用科学的方法把现代美国人的常规饮食与黑猩猩的饮食进行对比。通过这项研究，我得出了以下结论：虽然我们和黑猩猩超过 99% 的基因是相同的，但是我们的饮食方式却截然不同。最引人注目的不同之处就在于，这些灵长类动物比我们吃的绿色植物要多得多，因此我开始尝试多吃绿叶蔬菜。但是我仍然不能确保每天吃足够量的绿叶蔬菜。一段时间后，我已经对各种各样的沙拉没有任何胃口了。不过这时我突然明白了绿叶蔬菜对人类的饮食到底有多重要，我开始思索其他可以大量获取绿叶蔬菜的方式。

然后绿色思慕雪就这样诞生了?

是的,就是这样! 2004 年我突发奇想,把一份绿色蔬菜、一把香甜的水果、一瓢水倒入搅拌机细致地搅拌,结果令我大吃一惊。这简直就是个奇迹! 浓郁的水果味盖过了叶绿素苦涩的气味和味道。这个混合物虽然呈现出一种醒目的、明亮的深绿色,但尝起来却是鲜美的水果味,而且美味浓郁。于是,我和家人就开始每天饮用绿色思慕雪,而且对我们的健康卓有成效,我们比以前健康多了。这时我才意识到,要想精力充沛、健康、心情愉悦,每天饮用绿色思慕雪比 100% 吃生食有效多了。

绿色思慕雪对你的生活产生了哪些具体的影响呢?

绿色思慕雪现在已经是我每日饮食中一个重要的组成部分了,不管怎样我都不会放弃它。我每天都会做绿色思慕雪,即使是在旅途中我也会记得随身携带一小瓶绿色思慕雪。

很多人跟我讲,自从他们开始喝绿色思慕雪,他们就感到无比的健康和有活力。就我本人而言,如果每天不能喝两三杯的绿色思慕雪的话就会饿,然后就要去吃点其他东西来补充能量,但是我一旦吃东西的话就收不住,一下子吃很多很多,之后却还是感觉没吃饱、没有力量。

绿色思慕雪是我保持健康的秘诀,它可以确保我身体组织运行良好,随时充满动力,更神奇的是它还可以延缓衰老,我自己就是个很好的例子。我现年 56 岁,不吃药不戴眼镜,只有几根白发,充满活力地生活着,喜欢到世界各地旅游,这些都归功于绿色思慕雪。

你怎么看待绿色思慕雪的前景?

绿色思慕雪如此营养和美味,而且制作起来还如此简便,所以只要品尝过的人,之后都会开始在家自己制作而且坚持每天食用。越来越多的人恋上绿色思慕雪,我相信不久之后绿色思慕雪就会像咖啡一样走进每个家庭、每所学校、每个单位、每家医院,迟早会取代咖啡的。想到不久之后,人们早上走出家门,听到各家各户搅拌机的运转声,并能立刻推断出那一定是有人在制作绿色思慕雪,那将是多么美妙啊,我期待着这一天的到来。

为身心健康而饮

生食在一定程度上对身体具有净化和排毒的作用，如果你能坚持每天吃饭时食用一份绿色思慕雪，很快你就能明显地感觉到身体的排毒反应。

排毒现象

特别是那些起初操之过急的新手，可能会暂时出现不适反应，然后就错误地认为他适应不了绿色思慕雪。只有当饮食中生食的比例提高时，才会出现所谓的排毒现象，关于这个问题有大量的生食者分享过他们的经验。当然，排毒因人而异，表现各不相同（详见 19 页）。确切的原因并不十分清楚，但是基本的解释就是，排毒过程发生在分子和能量层面，因此这样的净化和排毒过程或长或短，通常情况下都会持续数月之久，程度不一。从根本上说，出现某些症状都是正常的，只是由于不习惯或暂时的不适应而造成的。最后我们必须清楚一点：生食的东西越多，身体越健康，越不易生病。

一点思慕雪哲学鸡汤

绿色思慕雪不仅对肉体有效，而且还对精神和心灵的和谐一致有很好的作用。绿色思慕雪专家维多利亚·宝特克特别指出，身心健康不是唯一的目的。我们的最高目标是获得幸福感，以宽容之心与他人和整个自然界和谐相处。宝特克认为人是神圣的存在，并被赋予了神圣的使命。很多人内心都知道，个体的生命不仅在于实现自我，更在于实现更高的目标。不妨尝试一下，绿色思慕雪可以让你更有同情心，情绪更平和，更有整体观念。

作为作者，我们坚信人类自诞生以来就是一个整体，只有重新认识到这种整体性，我们才能造福所有人。

小贴士

慢慢增加

如果你缓慢地、不断地提高思慕雪中的野生蔬菜类食材的比例，那你就感觉不到或者几乎感觉不到身体在排毒。

自然排毒

你刚开始饮用绿色思慕雪时会有轻微的不适反应，这是人体排毒的正常反应。不过不久之后你就能得到回报！

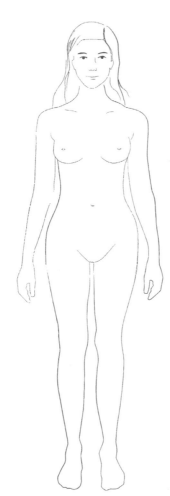

正常的排毒反应有：

- 头疼、乏力、疲劳、嗜睡
- 心绪不宁
- 睡眠障碍
- 长斑、长痘
- 低血压
- 耐力不足
- 体重下降
- 轻微消化不良
- 月经问题
- 发冷、手脚冰凉

排毒期过后就会出现反转，你就会察觉到很多好的征兆：

- 心绪平稳
- 睡眠需求减少
- 皮肤光洁
- 耐力和体能得到提升
- 内心平静
- 头脑清晰、心情愉悦、全身轻松
- 免疫力增强
- 全身血液循环良好

绿色思慕雪中的高营养成分

绿叶、水果、嫩芽和种子中含有的多种天然成分可以保护人体机能免受损害，并且可以有效地预防疾病和器官老化，比如可以预防动脉硬化、心肌梗死、脑溢血、癌症、阿尔茨海默病、帕金森综合征、抑郁症、压力过大以及职业倦怠。植物是高效的药物，几乎每隔几周就会有新发表的科学研究报告证实绿色植物的价值。

绿色思慕雪为我们打开了通往多姿多彩而又神秘的植物营养素帝国的大门，而且你不需要放弃自己钟爱的菜品，你不需要改变很多即可获得健康与美丽。一旦开始饮用绿色思慕雪，那你就可以扔掉那些营养强化剂和蛋白制剂了。

富含营养素的"丰饶角"

绿色思慕雪的独特之处就在于它富含多种营养物质。绿色思慕雪是什么意思呢？绿色思慕雪是个新造词汇，它含有人体所需的有益健康的物质。这些物质我们自身不能够合成，因此必须从饮食中获取。

通常，人们把这些营养物质等同于所谓的微量营养素。微量营养素这个概念是由诺贝尔化学奖获得者、正分子医学的创立者莱纳斯·鲍林（Linus Pauling）提出的。其实，微量营养素首先包括微量元素、矿物质、维生素、必需脂肪酸、氨基酸（蛋白质）以及其他植物次级代谢产物。

微量营养素与所谓的宏量营养素不同，宏量营养素是身体能量的供应者和组成成分，比如碳水化合物（糖类）、蛋白质、脂类（脂质）。

除此之外，植物纤维和食物酶是另一大基本的饮食组成部分，其中植物纤维只存在于蔬菜中，在很大程度上不易消化。食物要想被全面消化吸收，关键还得依赖这些特殊的蛋白质，但实际上这类蛋白质却只存在于纯天然的食物中。

过量的卡路里，匮乏的微量营养素

普遍而言，我们在日常饮食中从宏量营养素中获取了大量的卡路里，但却缺少很多的微量营养素。比如，虽然人们很早就知道维生素的重要作用，但是不久前医生才注意到健康饮食的重要作用。即使是在现在，医院提供的还是那种口味差、油腻、缺乏

维生素的菜品，医生忽略饮食的事实就此可见一斑。

无数研究都已证明我们饮食中的绿色蔬菜比例严重不足。这一点我丝毫都不惊奇，因为生的绿叶蔬菜大多比较苦涩，而且不可能大量咀嚼进食，所以不会频繁进入我们的餐桌。绿色思慕雪诞生之后，我们才拥有了理想的烹饪方式，才有可能大量进食蔬菜。

高能营养食品 VS 熟食

生食[1]是比较好的高能营养食品，

---

[1] 生食，即海鲜、肉类、蔬果、谷类等不经过烹饪直接生吃。

它比熟食含有更多的营养成分。食物加热超过 42°C 时，食物中的蛋白质比如食物酶就会被改变或者被破坏，然后随着温度的升高其他的维生素和植物次级代谢产物都会遭到破坏。虽然加热煮熟的过程会造成很多营养成分的流失，但是熟食还是被大家广泛接受，成为最普遍的饮食方式。人们选择煎炸煮最重要的论据就在于，熟食更易消化。

确实很多人吃了生水果和蔬菜后就会肚子疼、胀气或者腹泻。这主要是由于我们绝大部分情况下咀嚼不够（咀嚼属于前期消化），这样肠道就不能完全分解纤维素等类似的植物纤维，然后才会造成腐坏，产生有害气体。在植物纤维进入小肠之前，如果生吃的食物可以被切碎为直径小于 1 毫米的小块，植物的细胞壁就会破裂，这样就会避免出现以上所提到的不适症状。这方面，食草类动物给我们做出了很好的榜样，它们数小时不断地反复咀嚼，实现生食进入肠胃之前的前期消化过程。人类已经不再细致地咀嚼了，我们更情愿通过加热过程来分解食物。

要怎样做才能完好保留那些怕热食物中的营养成分呢？用绿色蔬菜搭配水果搅拌一杯浓浓的思慕雪就可以做到。其实绿色思慕雪就是真正的将生食转化成了高能营养食品，因为在制作绿色思慕雪时，食物中活跃的成分比如食物酶完好无损地被保留了下来，之后它们进入人体组织，而且可以增强酶储备。

绿色健康助手

搅拌过程中蔬菜被打得越碎，它就越容易由小肠进入血液中。与其他食物不同的是，在这个过程中思慕雪在胃中停留的时间较短。食物在胃里停留过久的话，胃酸就会破坏食物酶，这一点跟不认真咀嚼生食会造成不适是一样的道理。通过对食材的搅拌混合实现了前期消化，这样就会显著减轻肠胃负担。正因为有了前期消化，所以即使是那些不能吃生食的人，服用绿色思慕雪也一点问题都不会有。细致搅拌过的绿色思慕雪在胃中稍加停留后就为身体供给了高浓度的营养素，而这些营养素恰恰是煮熟的食物中所缺少的。可以说绿色思慕雪是一个绝妙的饮食配方，因为搅拌机为我们打开了进食纯天然食物的方便之门。这样的饮食确保了我们可以大量而广泛地获取生命所需的营养物质，这一点我们之前的饮食是做不到的。就此而言，我们可以说绿色思慕雪开启了饮食界的一场创新革命。

每日五份协会：
绿色思慕雪轻松搞定

德国饮食学会支持的"每日五份协会"推荐给大家，
尽可能多吃蔬菜和水果。

按照该协会的研究，我们每天需要五大份水果和蔬菜，且生食优于熟食。烹饪方法上，该协会推荐用文火蒸替代其他烹饪方式。蔬菜应该是这五份中所占比重最大的。比如每个成人每天需要食用大约650克植物，其中包括400克的蔬菜、250克的水果。这样才能确保提供身体所需的营养物质，预防各种常见疾病，比如心肌梗死、糖尿病以及各种癌症。

为什么我们讨厌蔬菜？

实践显示，该协会推荐的方式并没有在大众中得到很好的推广。绝大多数情况我们所说的吃蔬菜和水果只局限于餐盘旁边可怜的那一点沙拉，要不然就是一个苹果或者一根香蕉。

为什么我们一如既往地厌食蔬菜和水果呢？原因有很多，其中之一就是细致的咀嚼很费时间，现代匆忙的生活使我们吃饭时少了那份咀嚼的闲情。除此之外，我们的牙齿已经习惯了软软的熟食。生吃蔬菜和水果时我们嚼得太少了，这样只有极少部分的珍贵营养成分被人体吸收，绝大部分只能被白白排泄掉。因为咀嚼不足，肠胃负担过重，所以紧接着就会出现胀气、腹泻等症状。这些不愉快的经历就会打消我们对生食的兴趣。

思慕雪填补空白

饮食绿色思慕雪，你就是在以一种方便的、适口的、易于消化的方式获取大量富含营养物质的生食。绿色思慕雪中的营养成分能迅速而完整地通过肠胃被吸收，到达肝脏，肝脏对这些营养成分进行分配并把它们输送到各器官所需的地方。这样我们才算真正做到了"每日五份"健康生活。每日五份的确切做法参见www.5amtag.de，并附有很多针对儿童和成人的建议。

食物酶

酶，以前也叫酵素，基本成分就是蛋白质。人体中至关重要的化学反应里酶都起到了关键作用，它就是人体内的催化剂（反应促进剂）。酶为我们身体的顺畅运转创造了前提条件。从艾德华·贺威尔（Edward Howell）开创性的研究（"酶营养：食物酶概念"）中我们得知，我们必须从每日的饮食中摄取这些酶质。新鲜的水果和蔬菜中富含我们身体可以直接获取的食物酶，然而这些食物酶却会因为加热或化学处理而受损。所以食用生的含有丰富维生素的食物才这般重要，就这一点而言没有什么比绿色思慕雪更适合。绿色思慕雪不仅提供营养物质，同时还提供新陈代谢所需的酶，这样身体的酶储备就不会不足。

喝绿色思慕雪，食物酶轻松得

因为绿色思慕雪的配料在搅拌机中被十分细致地混合在一起，喝过后人体就会很快获得食物酶。此外，思慕雪能很快进入肠胃，这样胃酸就没有时间去抑制消化酶了。

植物次级代谢产物

在变化多样的绿色思慕雪中，来自植物的次级代谢产物意义重大。因为植物次级代谢产物能部分地发挥它的生物化学作用，所以它又被叫作具有生物活性的物质。首先，植物次级代谢产物能对抗天敌和病原体。其次，植物次级代谢产物的色彩和香气能吸引昆虫和喜食水果的虫子，这些昆虫在吸食后能将这些花粉和种子散播出去。

据目前数据显示，这种物质至少有 10 万种，它们是按组划分的，比如黄酮类化合物、胡萝卜素、鞣酸、木质素、生物碱、植物抗毒素、萜类等。在物理疗法中它们意义重大，比如：

- 从石榴中提取的多元酚能降血压。
- 从绿叶中提取的皂苷和黄酮类化合物可以抑制炎症。
- 苹果中的植物甾醇可以降血脂。
- 从胡萝卜以及其他红色或黄色的蔬菜和水果中提取的胡萝卜素是强效抗氧化剂。

绿色思慕雪为你提供丰富多样的植物次级代谢产物！

维生素

维生素是维持我们身体正常运转所必需的有机物，可惜人体除了借助光合作用合成维生素 D 以外，我们自身不能合成足够的其他维生素。维生素不足导致的后果就会慢慢显现并危害身体健康。德国国内很多人都因为缺乏维生素 C、维生素 D、维生素 E 和叶酸而生病。我们可以通过绿色思慕雪获得充足的维生素，甚至包括维生素 B_{12}，除了水华束丝藻，只有肉制品中的维生素 B_{12} 才能被人体吸收。在配制绿色思慕雪时你一定要注重变化性和多样性，这样才能充分地获取各种维生素。

人工合成的维生素不具备替代性

大量的研究表明，人工合成的维生素是对身体有害的，而绝大部分的维生素药片以及食物中的维生素添加剂都是人工合成的。只有和植物中含有的其他那些微量营养素一起，维生素才能全面发挥自己的作用。这也是我们选择绿色思慕雪的有力证据，因为绿色思慕雪是纯天然的植物配方。

矿物质

要想身体正常运转，我们需要从饮食中摄取不同的矿物质。这些矿物质强健我们的体魄，而且还能起到协调身体运转的作用。人体需求量较大的矿物质也被称作宏量元素或者电解质，比如钙可以坚固骨骼、健康牙齿。人体需求量很少的矿物质被称作微量元素，比如铁元素有助于造血以及供氧，锌元素可以使人心情愉悦、提高记忆力、调节体重。

小知识

维生素 C

绿色植物中富含某些维生素，比如维生素C。随着日常生活压力激增，身体对维生素C的需求量显著增加。维生素C可以使细胞保持年轻，明显减少心肌梗死和中风的概率，并且能降低胆固醇，有效预防癌症、白内障以及胃溃疡，等等。通过日常饮食很难获得足够的天然维生素C。野生蔬菜中含有大量维生素C，比如荨麻、榕叶毛茛以及羊角芹，尤其是荨麻中的维生素C含量是柠檬汁的2倍。

有益骨骼和牙齿

几乎每种植物中都含有构成牙齿和骨骼的钙元素，特别是羽衣甘蓝和香芹，这两种蔬菜也正好是绿色思慕雪最理想的食材。镁是重要的排毒元素。第三重要的元素就是磷，是人体需要较多的矿物质，其需求量仅次于钙，存在于所有的植物中。

因为大部分的矿物质很快就会被人体消耗掉，所以后续供给越快越好。绿色思慕雪就是这样一种出色的矿物质供给源，因为所有的植物中都富含矿物质。与根茎相比，绿叶中含有更多的矿物质。在制作绿色思慕雪时，请你把樱桃萝卜叶、球茎甘蓝叶以及胡萝卜叶扔进搅拌机而不是垃圾桶。

氨基酸

蛋白质是人体必需的一种物质，它是由氨基酸构成的，人体绝大部分的蛋白质就是由氨基酸自行合成的。在成人体内有 8 种氨基酸不能合成，在孩子体内有 10 种氨基酸不能合成。这些人体不能合成的氨基酸叫作必需氨基酸，也是我们必须摄入蛋白质的原因。长久以来人们都认为，只有获得充足的蛋白质才能拥有力量和健康，所以肉类、鸡蛋和奶制品成为我们日常获取蛋白质的重要来源。随着科学的进步，人们的观念出现了新的转变：专家进一步指出，饮食中动物蛋白质比重过高会有害身体健康。

这主要是因为，肉类和奶制品含有高浓度的复合型蛋白质，我们的消化系统是不能完全消化这些蛋白质的。特别是肉类含有的高浓度嘌呤会代谢为尿酸，尿酸过多会损害身体健康，导致肥胖、动脉硬化、心肌梗死、癌症、骨质疏松、风湿或阿尔茨海默病。营养学家建议，体内每天尿酸量不应该超过 300 毫克。吃 100 克的肉制品尿酸含量就会达到这个值，吃 100 克的内脏尿酸值就会翻两番甚至三番。与肉制品相比，吃绿叶产生的尿酸明显降低：100 克绿叶产生 5～15 毫克的尿酸，只有吃菠菜时产生的尿酸较多，大约 30 毫克。此外，绿叶还能辅助碱的合成，使体内酸碱平衡。

白藜——富含营养素的"野草"

这种灰绿色的草在花园里、阳台上随处可见，与其他野生蔬菜一样，它营养丰富，制成的绿色思慕雪更棒。

钾：对于神经向肌肉传递兴奋性以及其他方面来讲都是不可或缺的成分。

铁：造血和为细胞供氧。

色氨酸：愉悦心情，有益减肥。

维生素C：重要的抗氧化剂，保持身体健康、精神饱满。

钙：牙齿、骨骼、头发的组成元素。

磷：牙齿、骨骼的重要组成元素。

锌：焕发精神、辅助减肥。

镁：排毒、放松身心、坚固牙齿和骨骼。

酪氨酸：合成甲状腺素的必需元素。

预防过敏

奶制品中的蛋白质很有可能导致孩子出现过敏反应或者其他并发症。过敏的临床表现就是胃疼、肚子疼以及各种皮肤疾病，比如神经性皮炎或者呼吸道疾病。对于奶制品过敏的人群而言，如果能从绿色植物中获取蛋白质，那一定是一种理想的替补方法。从饮食均衡的角度讲，植物蛋白质应该大约占每日人体营养摄取量的10%，这也就意味着成人每日应该获取大约50克的蛋白质。绿色思慕雪就是很棒的蛋白质来源。与肉相比，绿叶中含有较少的复合蛋白质，含有更多单一呈现的氨基酸，这些氨基酸可以按身体所需自行结合。现代科学已经证实，人类长个子和保持健康不需要动物蛋白质，即使是孩子也不需要动物蛋白质。

与动物蛋白质不同的是，植物蛋白质中的嘌呤很少，而嘌呤会在机体内转化为对人体有害的酸。

绿叶中含有所有人体必需氨基酸，详情参见下面表格。成人每天大约需要进食200克绿叶才能满足人体对蛋白的需求。

小知识

人体必需氨基酸占总蛋白质含量的比重

氨基酸	牛肉	绿叶蔬菜
赖氨酸	7.05%	4.96%
色氨酸	1.13%	1.65%
苯丙氨酸	4.26%	3.91%
蛋氨酸	2.87%	2.00%
苏氨酸	4.00%	3.57%
亮氨酸	6.70%	9.58%
异亮氨酸	5.48%	4.69%
缬氨酸	5.04%	5.21%
总和	36.53%	35.57%

脂肪酸

人体需要脂肪来实现自身的正常运转。比如我们的大脑就是由60%的脂肪构成的，而且每个细胞都需要不同的脂肪来运转。对于脂肪的认识最近出现了新的趋势。

几年前所有高脂肪食物都被一棒子打死，现在人们却重新发现了脂肪在食物中的价值。当然重要的还是获取健康脂肪，远离有害脂肪。健康营养膳食应该是人体摄取的脂肪最好是由三分之一的饱和脂肪酸（比如天然的椰子油）和三分之二的不饱和脂肪酸构成。绿叶中含有珍贵的脂肪酸，喝绿色思慕雪你就可以获取下面这些有益健康的脂肪酸。

• 特别重要的是多样的不饱和ω-3脂肪酸，这种脂肪酸存在于亚麻籽、芝麻、麻籽、菠菜、葡萄藤叶以及韭葱中。

• ω-6脂肪酸也必不可少。几乎所有的幼苗、抱子甘蓝、黑加仑和胡萝卜叶中都含有这种脂肪酸，在这些食材中ω-6脂肪酸和ω-3脂肪酸的比例大约是1∶4。很多植物含有这两种形式的不饱和脂肪酸，比如牛油果。

• ω-9脂肪酸也叫油酸，这种脂肪酸并非必需元素，但同样很有价值。橄榄中富含这种元素，多吃橄榄油能显著降低患心脏循环系统疾病的概率。

植物纤维

植物中含有丰富的植物纤维，其中纤维素、木质素都是非水溶性植物纤维，有助于消化，这些植物纤维能加强肠的蠕动功能并快速排泄有害物质。这样就可以防止慢性肠黏膜炎症，比如常见于中老年人的憩室炎，同时还可以降低患肠癌的风险。除此之外，植物纤维会附着胆盐，有利于降低胆固醇。

水溶性植物纤维，比如黏液物质和果胶，可以被肠道细菌降解为脂肪酸，这些脂肪酸有利于保持肠黏膜的健康。

可惜在我们平时的"正常的饮食"中缺乏这些重要的元素，所以导致了一些严重的健康问题，主要体现在消化系统疾病上。因为植物纤维应该和液体一起进食才有利于消化和吸收，所以绿色思慕雪就是理想佳品，因为它不仅富含植物纤维而且还是液体流食。

绿色黄金：叶绿素

叶绿素使叶子呈现绿色，叶子是绿色思慕雪的主要成分，所以制成的思慕雪当然也是绿色的。植物借助阳光合成叶绿素，简单来说就是：光使叶绿素转化为碳水化合物，碳水化合物为植物提供生长所需的能量，我们把这个过程叫作光合作用。在化学结构方面它与人体血红蛋白是十分相似的，区别只在于它含有的不是铁元素而是镁元素。

由于叶绿素是重要组成部分，所以绿色思慕雪就是一款十分健康的食物。抗癌疗法的最新研究结果使得"神药"的称谓不会过度出现，但是位于美国俄勒冈州科瓦利斯城的莱纳斯·鲍林研究所的科学家却发现，叶绿素在抑制肠癌细胞方面的效果比传统化学疗法好10倍。

特别是，即使是大剂量摄入叶绿素也不会给人体带来伤害，与此不同，传统的化学疗法则会导致虚弱、恶心、脱发等症状。此外，科学家还指出，叶绿素可以有效地抵制那些由于吸烟、烧烤和霉菌所导致的致癌物质。因此据说制药机构开始着手将叶绿素作为药剂用于化学疗法里。除此之外叶绿素还有很多其他有益健康的功能，已经经过研究被证实的功效有：

• 借助叶绿素能提高人体的氧气含量，这样就能降低患癌概率，因为癌细胞只能在含氧不足的细胞环境中繁衍。

• 叶绿素也被称作天然螯合剂，能从体内排除重金属有毒物质，比如铅或汞，这些物质同样也会诱发癌症。

更多内容请参阅 134 页。

针对性防癌

为了发挥绿色思慕雪的防癌作用，你应该尽可能多地添加叶绿素。植物越绿所含的植物色素越多。

• 在人工培植的植物中甘蓝类蔬菜叶绿素的含量很高。

• 菠菜、香芹和水芹同样富含叶绿素。

• 野生蔬菜的叶绿素含量更高，比如蒲公英、荨麻、野芝麻和车前草。

• 此外，螺旋藻、小球藻或水华束丝藻也含有很多叶绿素。

请你每天用这些绿色植物来给自己制作一杯绿色思慕雪，从而获取足够的叶绿素吧。

人工培植蔬菜与野生蔬菜中的营养素[*]

传统农作物中的营养物质含量不断减少，相反，野生植物中仍含有各种天然营养物质。

人工培植蔬菜	水	钾	磷	镁	钙	铁
大白菜	95.4	202	–	11	40	0.6
卷心莴苣	95.0	224	33	11	37	1.1
菊苣	94.4	192	26	13	26	0.7
野苣	93.4	421	49	13	35	2.0
牛皮菜	92.2	376	39	–	103	2.2
圆白菜	92.1	227	27.5	23	46	0.5
花椰菜	91.6	328	54	17	20	0.6
菠菜	91.6	633	55	58	126	4.1
羽衣甘蓝	86.3	490	87	31	212	1.9
抱子甘蓝	85.0	411	83	22	31	1.1
平均值	**91.7**	**350**	**50.4**	**22.1**	**67.6**	**1.5**

野生蔬菜	水	钾	磷	镁	钙	铁
繁缕	91.5	680	54	39	80	8.4
蒲公英	89.9	590	68	23	50	1.2
法国香草	87.8	390	56	56	410	14.0
雏菊	87.5	600	88	33	190	2.7
白藜	86.9	920	80	93	310	3.0
荨麻	84.8	410	105	71	630	7.8
野锦葵	82.0	450	95	58	200	5.1
林肯郡菠菜	81.7	730	95	66	110	3.5
柳兰	75.0	450	94	81	150	2.7
平均值	**85.2**	**580**	**82**	**57.8**	**237**	**4.3**[**]
成人每天所需量		**3 000~4 000**	**800**	**300~350**	**800**	**12~18**

[*]水含量用%，每100g可食用部分中矿物质含量用mg；[**]不包括法国香草。

来源：Steffen Guido Fleischhauer.可食用野生植物百科全书（*Enzyklopädie der essbaren Wildpflanzen*）. 第11页。

自制绿色思慕雪

心动就马上行动：
不需要做任何特殊准备，也不需要等到特定时间，
你只需要开始尝试调制这款可口的功能饮品。

每日营养素之源

你是否也曾希望每天早上可以精神抖擞地从床上一跃而起准备迎接新的一天？不再担心身心健康难道只是个美好的愿望吗？想要更好地挖掘自己的潜力吗？

想随时随地给身体提供所需的营养吗？书写过营养史的绿色思慕雪祝你美梦成真，完成一次厨房探新之旅。这款绿色能量饮品会从多个方面丰富你的人生。接下来几页会一步步告诉你：你需要什么，应该注意什么，哪些食材合宜，以及作为初级学员的你该如何开始轻松调制绿色思慕雪。

绿色思慕雪制作法则

　　请你在厨房设置一个制作绿色思慕雪的专用区域，用来摆放你的搅拌机、一个大砧板、一把小的去皮刀和一把平刃且锋利的大菜刀。这样你就可以随时轻松愉悦地开始制作了。在接下来的几页中你会了解到真正的绿色思慕雪是由什么构成的。

制作的基础知识

　　•制作绿色思慕雪时你不需要称重设备：只要你能通过目测保证"五五原则"，那就没什么问题了。一半水果一半绿叶放入搅拌机里搅拌，加水量不超过半升。

　　•如果绿叶比较蓬松、空隙较大，绿叶蔬菜的体积可以超过总搅拌物的一半，切忌不要少于一半！

　　•开始时将搅拌机调至低速运转模式。当搅拌机的刀片完全触及水果和蔬菜并开始粉碎时，你可以把搅拌机调至最高转速。

　　•搅拌机高速运转直到食材及配料被研磨粉碎并在汁液中充分溶解为止，当看到搅拌机中呈现均匀的黏稠物时就算大功告成了。观察那些五颜六色的水果是如何和绿叶交融成一种新的明亮的液体也是一件十分有趣的事情。

　　•思慕雪可以在冰箱中避光冷藏3天，因此它十分适合作为短期的粮食储备或者每日餐点。

　　•在接下来的4页内容中你会看到精心制作思慕雪的一些小窍门。

小贴士

晚上不能吃水果?

　　很多人认为晚餐吃生食会诱发消化问题，绿色思慕雪终结了这个说法。细致搅拌之后，植物纤维素变得很小很小，这样不论什么时候食用思慕雪都不会出现消化障碍。一般而言，至少在睡前三小时吃完晚餐，这样身体在晚上睡眠时间才能没有消化负担。特别是果糖会扰乱新陈代谢，阻碍脂肪燃烧以及人体的修复再生。

思慕雪入门知识

　　如果你能注意到上一页的基本法则和一些小问题，那就一定能成功制作绿色思慕雪了。

一切都要是新鲜的

　　只使用完全新鲜的水果和绿色植物，不论是纯天然种植的，还是从自家花园或者远离街道的纯天然环境中采摘而来的都可以。

成熟、多汁

　　只能使用完全成熟的水果，因为只有
那些完全成熟的水果才含有最佳的营养成
分，每个人都能毫无障碍地消化这些水果，
而且用完全成熟的水果做成的思慕雪才会
有美妙的水果味。

一半一半

　　水果放在搅拌机最底部。绿色蔬菜和水果各占一半，但也不必特别严格地控制，注意绿色蔬菜宜多不宜少，水果宜少不宜多，最后在搅拌机中添加一半的水就完成了绿色思慕雪制作的准备工作。

辅助搅拌

　　有时你需要用搅拌棒来辅助搅拌过程。当你发现搅拌机不能很好地搅拌时，请你再加些水进去。

　　食材搅拌的时间不宜过长，这样意味着无意义的加热，并白白流失宝贵的维生素。高效能的搅拌机只需要 30 ～ 45 秒即可搅拌黏稠。最初你可以用表掐时间，以后就可以凭感觉估算时间了。

搅拌出来的精华物质

你唯一需要购买的可能就是一台高效能的搅拌机。虽然在刚开始时你也可以用一根搅拌棒或者传统的搅拌机尝试来做思慕雪，但是如果你想每天都喝绿色思慕雪的话，那这些机器就不是那么给力了。因为它们对水果和绿色植物粉碎得不够，这样就不能获得最具营养价值的东西，而且还会加重肠胃的消化负担。根据经验，低效能的机器禁不住长时间制作绿色思慕雪，很容易就坏掉了。所以建议你

小贴士

最简法则

开始时你可以尝试所有的配方并找出最合你口味的那一款。起初做思慕雪时只需要放入水果、绿色植物和水。维多利亚·宝特克建议初学者遵守"最简法则"。买到搅拌机后，如果不远处有绿色食品专卖店或者有机生态食品种植园，或者自家花园就有水果和绿叶蔬菜，那你就可以开始亲手制作自己的绿色思慕雪了。

买一款高品质的立式搅拌机，最好是高效能搅拌机，详见 42 ～ 43 页。这笔投资肯定划得来，花一次钱，使用好多年！

为什么是搅拌不是榨汁？

用搅拌机搅拌有以下优点。

• 因为绿叶、皮以及果核中含有的抗氧化剂能均衡地分布到思慕雪中，所以在搅拌机快速搅拌过程中不会造成维生素的流失。也正是这个原因，所以绿色思慕雪可以保鲜 3 天且品质和口感不变。

• 用搅拌机在制作思慕雪的过程中几乎不会产生垃圾，相反，在榨汁时会产生榨渣。可能会有人说我可以用食物烘干器把果渣做成果渣脆饼，但是你榨的果汁中却不会像搅拌的思慕雪那样含有充足的植物纤维。

• 饮用绿色思慕雪，果糖通过绿色植物中的有效成分缓慢进入人体细胞，这样血糖就不会陡升骤降。果汁只能提供短期能量，而这款拥有"绿色黄金"的绿色思慕雪却可以持续提供能量，这样人体就不会遭遇"能量危机"，而是一直处于能量平稳状态。每天饮用这款神奇饮品，你就会感到更平和，更健康。

基础款思慕雪

基础款绿色思慕雪，开启你的搅拌饮品之旅！先来做一个购物清单或者采摘目录吧，很简单，但是很神奇！

下面这些食材够分 3 次放入搅拌杯中，每次 1 升，这样做出的绿色思慕雪就够喝 3 天了。从 75 页开始你就可以了解到基础款绿色思慕雪的多种简单配方了。

- 3 根中等大小的香蕉
- 6 个中等大小的甜苹果
- 1 个有机柠檬
- 250 克菠菜叶
- 自选 2 棵中等大小的生菜
- 1/2 升过滤自来水或矿泉水

此外，还需要 3 个带螺旋盖的玻璃瓶，每个容量为 1 升，如果是宽口瓶可直接灌装，如果不是也可以用漏斗来灌装。

- 香蕉去皮，掰成块。苹果清洗后去除花蒂和梗，然后切成 4 块或 8 块，不用去核直接放入搅拌机。柠檬去皮，然后依个人喜好可以在搅拌机里放一条柠檬皮作为配料搅拌。
- 清洗菠菜和生菜，然后粗略地撕小或者切小，根茎也可以一起使用。
- 水果最多装一半，然后加上绿叶，随后倒上水。
- 先把搅拌机调至低挡位打开，然后提高转速，使用最高挡搅拌 30 ～ 45 秒，直到液体黏稠为止。
- 把思慕雪灌入瓶子里，如果你不想立马就喝，可以放入冰箱改天再喝，绿色思慕雪的最佳保存条件就是避光冷藏。这款能量饮品可以在冰箱里冷藏 3 天。

购买搅拌机时的注意事项

要想打破纤维细胞壁，搅拌机是最重要的仪器，所以效能越高，效果越好。这里指的不是搅拌机上标明的瓦数，而是每秒的转速。

高效能搅拌机

最好的搅拌机的刀片转速可以达到每分钟 30 000 次，甚至更高，也就是每秒最少 500 次。根、茎、皮、核甚至是牛油果的核都无力抗拒就被卷入搅拌机的"旋风"中了。

坐式搅拌棒

搅拌时水越少，启动时阻力越大，这时就更应该用搅拌棒辅助搅拌，这样才能确保食材朝下走从而接触刀片，才能粉碎得更彻底。

在购买时就要注意选择那种配备搅拌棒的搅拌机，遇到搅拌吃力的情况时你可以从搅拌机盖上设置的特殊小孔处插入搅拌棒辅助搅拌。

稳固的搅拌杯

为了安全起见，所有的高效能搅拌杯的材质都是硬塑料而不是玻璃。原因在于使用搅拌机时常会出现这样一些情况：比如把金属勺子遗忘在搅拌机里却开始开机搅拌。如果搅拌机的搅拌杯是玻璃制成的，那很可能导致玻璃四溅伤到人。还有就是如果搅拌杯是玻璃材质的，那么把所有食材和水放入搅拌杯后搅拌机一定会很重。

此外你还要注意，所有搅拌杯包括高效能搅拌杯上也会标明不含双酚A（BPA）。

小贴士

多功能搅拌机

好的搅拌机不仅可以制作可口的绿色思慕雪，还可以做其他富含营养的食品，比如核桃奶、生巧克力或者无奶冰淇淋。想要在寒冷的冬天迅速吃到热腾腾的食物吗？高效能搅拌机应是你的不二选择，最多5分钟你就可以喝到一杯温热的绿色思慕雪，因为在较长时间的搅拌过程中刀片飞快地转动产生的热量已经给食物加了热。

搅拌机

高效能的搅拌机能带给你可口且健康的绿色思慕雪，下面是一台高效能搅拌机最重要的部分：

进料口： 搅拌棒由此插入。不使用时你可以用盖子盖上。

搅拌杯： 高品质人工合成材料制成的搅拌杯异常坚固，可以蓄水1～2升。这样的搅拌杯比玻璃制品更安全，更轻便。

刀片： 绝大部分搅拌机的刀片都是由不锈钢制成的，所以耐磨耐用。

电动机： 刀片的转速有几个挡位可供调节，最高可达每分钟38 000转。

智能面板： 根据不同的型号，搅拌机上会有一个计时器、功能菜单键或手动操作键。

底座： 既重又宽的橡胶底座，防滑防倾斜。

绿叶蔬菜和水果

如果你没有花园，也很少有机会可以自己去采摘果实，那你只能依赖于市场上新鲜的产品来制作绿色思慕雪。下面的温馨小提示帮你厘清购物时的注意事项。

买当地的、当季的食材

当地的新鲜食材是最有价值、最易消化的食物，你的身体也适应那些附着在植物上的本地微生物，当季的食品也是最适合四季变化的生物节律的。尽可能多吃当地的果实，如苹果。夏天你可以吃黄瓜、西葫芦，冬天享用各种各样的甘蓝，而像菠菜、胡萝卜叶、球茎甘蓝叶、糖萝卜、芹菜等这些蔬菜则四季皆宜。

选择尽可能新鲜的富含营养成分的食材

如果食材直接采摘下来就能进入搅拌机，这样制作出的思慕雪是最好的！卷心莴苣采摘后 5 个小时维生素就会流失一半，两天后特定的维生素就不复存在了。同时运输会产生巨额费用，还会造成环境污染。如果你能直接从周边获得食材那就可以避免这些问题。

最理想的选择就是去周边有机农场主那儿，这些农场主不是在自家农场售卖农作物就是把农作物拿到集市上去出售。

小知识

冷藏

冷冻的有机浆果和绿叶蔬菜也可以用来制作思慕雪，冷冻后它们还保存有90%以上的营养物质。你自己采摘的食材也可以冷冻起来，比如野生蔬菜。为了获取食材里的营养成分，你可以用冷冻过的绿色蔬菜来制作思慕雪。用湿毛巾把野生蔬菜包起来放入冰箱也可以延长它的保鲜期，当然如果冰箱有保鲜层，你还可以把野生蔬菜放在这一层。

你最好是早上就去买水果和蔬菜，因为这时的农产品肯定都是最新鲜、营养物质含量最高的！当然现在很多超市也供应周边很棒的农产品，你也可以去这样的超市购买食材。有机柑橘和有机香蕉例外，因为它们厚厚的皮可以很好地保存维生素，这样便于储存的水果是上天给我们冬季的恩赐。

最好是完全成熟的食材！

当地当季的水果还有另一个好处就是，这些水果都完全成熟了。只有刚从树上采摘下来的水果维生素含量才最全，有些维生素甚至是在水果完全成熟前的几个小时里才合成的。超市中卖的水果很多都是后天催熟的，比如用有毒的化学品把香蕉催熟。一些后来催熟的橙子在售卖之前，甚至可以人工保存10年之久。

有机食品的优点

绿色思慕雪的独特之处在于食材百分百的利用率，相反，榨汁的时候则会产生废弃物。以水果为例，制作绿色思慕雪时苹果、梨、葡萄，甚至西瓜都不需要去皮或去核。搅打蔬菜时根、茎、皮都可以一起搅拌。因为不需要去皮，而且几乎也不需要将食材切碎，所以必须注意到食材一定不能含有有害物质，一般有害物质主要聚集于食材最外层。天然种植可以基本确保食物无毒害，因为这种种植方法杜绝了植物从土壤中汲取有害物质的可能性，比如不施人工化肥，不喷洒除草剂或者除虫剂。

欧盟对有机农产品有严格的规定，通过生产链由各级国家监管机构进行严格控制。有机食品均盖章标识，本书47页将会介绍一些重要的有机产品标识。

营养价值特别丰富

纯天然种植的蔬菜和水果含有更多的维生素和植物次级代谢产物。因为在种植时不使用农药和化肥，所以植物中几乎不含有害物质（由于普遍性的环境污染，所以植物中有害物质的含量不可能为零）。

常规种植模式中，有些地方大量使用有害农药。

从绿色和平组织 2008 年公布的一项调查中我们得知，全球使用的 1 134 种农药中有 327 种含有严重有害物质，会诱发癌症，降低免疫力和生殖能力。鉴于以上事实，你就能更好地理解纯天然种植到底有多重要了。

更多口味可供选择

天然食品口感更好。有机苹果和花园栽种的未施化肥和农药的苹果中糖酸比例更佳，果肉更厚实。常规种植主要是关注产品外形是否喜人，大小是否均匀，天然种植法则更多地关注土壤的质量，这样植物才能从土壤中汲取充足的营养，并散发出诱人的芬芳。

真正良心产品的标识

纯天然食品反过来对我们的土壤、环境也有好处，还有助于提升整个社会标准：

· 农田交替轮作更为频繁，不会使土壤贫瘠，相反，恰好有利于土壤积肥。

· 禁止使用基因技术，有助于激发有机农场主提升种植质量的积极性和动力。

· 用天然方法耕种土地有助于提升动植物的多样性，并能反哺蜜蜂等有益的动植物。

· 天然种植所消耗的能量和资源更少。

· 放弃使用化肥和农药又能保证地下水的清洁。

· 海外有机种植同样有严格的质量标准。通过避免单一种植和小面积种植，使得农民的工作和生活条件得到显著改善。

天然种植确保优质优价。此外，有机产品的价格并不一定比其他产品昂贵：产品使用率越高，饮食中含有的"无用卡路里"越少，我们饥饿的次数就越少。

小贴士

箱子中的绿色制品

在很多有机种植的花园中都有一个箱子，里面放的就是些绿色蔬菜，比如丢弃不要的胡萝卜叶、球茎甘蓝叶，邻居们可以随意拿回家喂宠物。你也可以拿一些回家，在给家里的兔子留够食物的前提下，剩下的你尽可以自己动手用这些东西制作一份免费餐点。你最好事先打听好主人家什么时候采摘，然后你可以及时将蔬菜拿回家制作，这样做出来的绿色思慕雪才更有营养。

5 种重要的有机产品标识

这里向你介绍 5 种最常见的有机产品标识。

欧盟有机认证标识，含有该标识的产品最多含有 0.9% 的转基因成分。食品中必须有至少 95% 的成分来自于有机耕作或生物农场。

拥有该标识证明的产品中至少 95% 的成分来自于有机耕作或生物农场，不是借助基因技术生产的。普遍认为该标识也意味着无化学成分或者抗生物成分，而且对储存和添加剂都有严格规定。

德国有 6 000 家企业依据碧欧兰德协会（Bioland）的准则生产，部分产品直接由生产者转运到消费者手中，比如通过周末市场，或者通过合同伙伴如面包店或榨汁厂。企业不会使用合成农药和化肥，动物一定会按种类合理饲养。有该标识的产品是百分百有机食品，不使用任何转基因技术。

Naturland 协会是德国的一个有机农业协会，成立于 1982 年，旨在促进全球有机耕种。期间已有大约 26 000 家企业以该协会的标准生产。它们的口号就是百分百有机产品，绝不使用转基因技术。此外，该协会对生产者和加工者还设有额外的社会准则。

德米特[①]（Demeter）源自 1928 年，只有从种植到包装严格遵守人智学准则的合作伙伴才被允许使用该品牌标识。该标识不仅证明产品是百分百有机产品，绝无使用转基因技术外，还特别重视人、动物、植物、地球和宇宙的和谐健康相处。

[①] 以希腊掌管农业和丰收的女神"Demeter"的名字命名。该标识是有机农业领域里的最高品牌。

绿色心脏：绿色植物

一般而言，我们把可食用的绿植部分称作蔬菜，因为对于绝大多数人来说，它们主要指的就是沙拉或者餐盘中的配菜。然而与此同时我们也知道，绿叶可以制成丰富多样的生食来享用，绿色思慕雪的诞生实现了对绿色蔬菜的彻底利用。

食用新方法

到目前为止那些营养丰富的食物并没有引起足够的关注。一方面是因为人们还不知道这些食物富含各种营养物质；另一方面是因为没有简便易行的烹调方法可以用这些食材做出可口的食物。此外，人们还不知道该如何才能大量生食这些东西。虽然很多人每天都吃生菜或者从花园里采摘一些蔬菜来搭配菜肴，但是食用量仍十分有限。殊不知，那些带根的绿色甘蓝类蔬菜或者新鲜采摘的野生蔬菜不用煮熟，生着做成绿色思慕雪后口感更好，也更容易消化。

充分利用自然的馈赠

植物绿叶作为新的食品种类向人们证明了自然可以给我们提供丰富多样的食品，这些食品补充我们体内所需的各种营养物质，有益身心健康和愉悦。每天饭桌上绿色蔬菜出现的频率越高，饮食中生食的比重就越高，身体也会因此越健康，可以说这一切绿色思慕雪功不可没。

丰富多样的绿色植物

图中的这些植物都是适宜做思慕雪的绿色植物，每类都简单列举几例。

食茎类： 芹菜和绿色根茎类蔬菜（如胡萝卜、球茎甘蓝、糖萝卜等）

食芽类： 紫苜蓿、西蓝花、胡芦巴①……

食叶类： 落叶乔木、灌木丛和（浆果）灌木、针叶树的嫩叶

生菜和叶子蔬菜： 橡叶生菜、巴达维亚生菜、菊苣、野苣、菠菜、牛皮菜、小马齿苋……

绿色甘蓝类： 羽衣甘蓝、皱叶甘蓝、圆锥卷心菜、油菜、塌棵菜和意大利甘蓝……

香草类： 如香芹、罗勒或马郁兰等花园里种植的香草；如荨麻、羊角芹和蒲公英等野生蔬菜

① 葫芦巴，为一年生豆科蝶形花亚科胡卢巴属的一种植物，其种子是调味料和中药；不仅是一种蔬菜，也是一种药材。
② 罗勒，药食两用芳香植物，味似茴香，全株小巧，叶色翠绿，花色鲜艳，芳香四溢。原产于亚洲热带区，对寒冷非常敏感，在热和干燥的环境下生长得最好。

野生蔬菜

自然生长的药草不仅是食物，还是有效的药物，因此在你装了一半水果之后再在搅拌机中添加一些采自森林或草坪上的药草效果更佳。除了其浓郁的味道外，野生蔬菜还是有效的催化剂，能立马使人体与被存储在体内的有害物质分离，因此起初会有不适的排毒症状。鉴于此，你最好在起初阶段把这些药草作为调料，使用方法详见75页开始的相关内容。慢慢地你可以加大药草剂量，这样可以有针对性地排毒，详见104页开始的相关菜谱。

小心翼翼地采摘

在采摘时要注意保护野生药草，这样来年它们才能茁壮生长。采摘时记得拿上一把修枝剪刀把所有的植物修剪到略微高于地面的高度。

每一片叶子都要用合适的剪刀修剪，切忌用蛮力去拔掉任何一株植物。

简述多房棘球绦虫

根据现有的知识我们知道，在食用从地面上采摘的叶子和果子时并不会增加感染可怕的多房棘球绦虫的可能性。德国某些地区70%的狐狸因为身上的寄生物而感染多房棘球绦虫，狗和猫也不能幸免，所以齐膝及以下高度的植物上都有可能含有这种蛔虫。到目前为止还没有迹象表明人因为食用树林中的果实或者野生蔬菜会感染此类寄生虫病。森林管理员或林业工作人员之所以会感染此类疾病，人们推测可能是因为他们在森林中工作时吸入寄生虫的卵所致，其他一些病人可能是由于接触宠物而被感染。

重点

易混淆的食材

一些可以食用的野生蔬菜和一些有毒的药草十分相似，现举三个典型的例子来说明（前者可食用，后者有毒）：

· 熊葱/野韭菜—铃兰
· 羊角芹—爵床属植物
· 峨参/野生胡萝卜—毒参[1]

为了避免因为混淆造成的危险，除了在家中备一本很好的分类书之外，也推荐你去参加一个药草识别班。无论如何都要注意同一类的植物不要放太多，因为即使是可以食用的那些药草中也含有一定剂量的有害物质。

---

① 毒参，伞形科毒参属的植物。分布在欧洲、北非、北美洲、亚洲，以及中国大陆的新疆等地，生长于海拔600~1700米的地区，常生长在林缘或农田边。

漫游——寻找野生蔬菜

不论是在林中漫步寻找野生蔬菜，抑或是参加专家的药草识别班，都是认识这些当地野生植物的良机。

借此机会你就能初步认识那些家门口生长和开花的植物了。以前这些知识都是代代相传的，但是现在我们又不得不重新在漫游过程中收集这些知识。漫游植物王国的考察学习由那些在健康环保行业供职的专业人士做向导。大多数的漫游日程为半天时间，能给参与者提供一次真正的体验机会。在林中漫步寻找野生蔬菜的项目中你能学到以下知识：

• 辨别哪些是有毒的，哪些是可食用的美味植物。

• 阔叶树和针叶树的嫩叶都可食用。

• 一些野生蔬菜在什么季节生长，什么植物在什么时间段采摘最好。

• 你应该在哪些地方采摘植物，哪些地方最好不要去采摘。

• 不同的野生蔬菜最好采摘哪些部分。

• 一些药草有哪些治疗作用。

• 如何保存野生蔬菜。

• 如何有创意地食用野生蔬菜，比如如何在绿色思慕雪中加入野生蔬菜。

请你不要忘了漫游前带上一个篮子或者袋子，这样你就可以带上一些"战利品"回家了。根据季节和天气状况，你还需要带上合适的衣服和鞋子。

如果感兴趣的话，你应该参加每个季节的寻找野生蔬菜的漫游活动，因为每个季节都有其独特的植物。还有更为重要的原因就是植物在四季的变化太大，有可能你会认不出它。

从本书后面部分的文字中你可以了解到，哪个季节家门口长了哪些植物。在你对天然食材的野外世界有了基本了解之后，向导就不再是老师了，而是成了你漫游的侣伴了。

野生蔬菜榜单 Top 5

　　这 5 种药草几乎随时随地都可以获得。它们都是超级健康的制作绿色思慕雪的神奇配料。

羊角芹

　　这种伞形科植物对于很多人来说无非就是花园或公园里生长得十分茂盛的杂草。它的叶子看起来有点像香芹和胡萝卜的叶子，含有丰富的钙、铁、维生素 C 和胡萝卜素。

　　三四月开始在花园或者户外就能看到这种繁茂生长的植物了，这时开始就可以采摘了。最适合羊角芹生长的户外环境是小溪边，一般都生长在荨麻和熊葱旁。羊角芹的叶子如果老了，口感就不好了。重要的一点是，当这些植物成熟之后就很容易和那些有毒的伞形科植物混淆，详见 50 页"重点"。

车前草

宽叶车前草和长叶车前草都生长在草坪和路边。车前草味苦，通过糖苷、鞣质和黏液物质起到净化血液、止咳、利尿、杀菌等作用。

车前草含有硅酸，可以强化人体组织。春末到秋末都是合宜的采摘时节。2014年长叶车前草荣获"年度药草"称号。

荨麻

这种随处可见的植物好处多多，在搅拌机中搅碎后再吃就不会有灼烧感，尝起来有柔和的坚果味，选用新鲜的嫩叶口感会更好。荨麻含有黄酮类化合物、矿物质、微量元素（镁、钙、硅、铁等），还含有丰富的维生素A、维生素C以及蛋白质，所以它被称为最纯粹的健康助推器，有净化血液、利尿和抗风湿等功效。

黑莓叶子

　　悬钩子属植物的叶子，常年带刺。加入黑莓叶子后你的绿色思慕雪会拥有一种独特的香气。因为黑莓叶子中含有丹宁酸，所以有助于消化，强化人体组织。其含有的黄酮类化合物、果酸以及维生素 C 都对身体器官有益。因此，夏末时节你也可以在你的思慕雪中加入这种可口且富含维生素的植物。

蒲公英

　　春夏时节，草坪上或者自家花园里都可以看到娇嫩的蒲公英叶子，尝起来像可口的菊苣。在绿色思慕雪中加入一两朵新开的蒲公英花朵也无妨，当然最好不带茎，因为蒲公英的茎中含有低毒奶状物质。蒲公英味苦，具有清热解毒的功效，对胃炎、肝炎、尿路感染等疾病均有很好的效果，甚至有预防癌症的作用。

混合搭配才是硬道理

起初尽可能混合搭配，可以把野生蔬菜、花园里种植的药草、灌木叶、阔叶树叶子以及针叶树的嫩叶和其他大量的绿叶蔬菜相互混合搭配（比如搭配生菜），这样你就可以慢慢适应这些药草浓郁的气味，身体也才能适应这种大量进食营养物质的方式。

正确的采摘时间

尽可能在上午采摘绿叶，随着日照的不断增强，植物中营养成分的含量会越来越高。一年中春季是叶子和嫩芽中营养物质和能量最充足的时节。这种巨大的能量会慢慢转移到花蕾和种子中去，虽然之后绿叶的营养价值仍然很高，但是你最好还是不要错过春季的营养盛宴。从 102 页开始就有与此有关的菜谱了。

森林里生长的植物是否也可取用？

经常有人问我森林中的绿色植物是否也适合制成绿色思慕雪。我说，它们既适合又不适合。

所有的苔藓类植物都可食用，它们是地球上最古老的植物之一，而且富含叶绿素，易于消化。采摘苔藓的最佳时节是冬季，苔藓也可以作为思慕雪中绝佳的配料使用，不过在食用前一定要彻底清洗掉泥沙。

此外地衣植物也可食用，它们富含碳水化合物，地衣植物含有气味浓郁的香精油，依个人口味决定是否选用。因为这类植物几乎不含叶绿素，所以建议偶尔作为调料调配绿色思慕雪，不宜经常食用。

蕨类植物不适合生食，因为它们含有有害健康的氢氰酸苷和硫胺素酶，这些都是致癌物质。有些地方煮食欧洲蕨的嫩芽作为美食享用，所以一般都认为蕨类可食用，但却不知蕨类植物含有致癌物质，因此它们也不适合制成绿色思慕雪。

是否可以用自来水？

除了蔬菜、水果和绿色植物外，制作绿色思慕雪的第三大要素就是水。一般来说不需要特意往家里搬桶装水，因为很多地方自来水的水质已经相当不错了，你可以在制作这款绿色能量饮料时直接加入自来水。

但是自来水在到达水龙头之前会

这样摆放果真秀色可餐，没有人能抗拒你的绿色思慕雪带来的诱惑，不论他是你的客人还是孩子。

跟很多不同的物质接触，这些物质会降低水质，特别是当家里铺设的自来水管道是铅管或者铜管时。如果你还不清楚家里的管道是哪种材质，你可以询问房东或者卫生技术人员。

从自来水公司出来到进入消费者家门之前的整个运输过程中，不管采取什么措施，饮用水都会变得不那么新鲜，水老化的过程会造成化学、物理以及微生物的变化，而这些变化却是消费者所不能发觉的。

有效的补救措施是使用带有活性炭过滤器的高性能净水机或者使用出口处装有活水器的净水机，这样就会净化掉水中的重金属、药物残留、农药、细菌性致泻物质以及其他有害物质，起到活水的作用。这些现代过滤技术能净化自来水，因此你才能轻松获得健康廉价的优质水，再也不需要去购买昂贵的矿泉水了，净化后的自来水能帮助身体永葆生机，实现人体的天然平衡。

如果你时间比较宽裕的话，可以骑自行车带上几个大玻璃瓶去大自然中寻找干净的水源。这样你不仅锻炼了身体，或许还能在清泉旁找到一些鲜嫩多汁的水薄荷。

绿色思慕雪可以说是品尝健康美食前的"开胃酒"，自诞生以来美名不胫而走，成为大家竞相尝试的事物。饮食绿色思慕雪使你身心愉悦、乐于合作、富有耐心。

适合做绿色思慕雪的食材

　　几乎所有的天然绿色植物都可以作为原料进入你的绿色思慕雪王国。在对种类繁多的水果和蔬菜进行全面考量之后，我们选出如下多种最优组合形式，抛砖引玉，帮助你调制自己的专属绿色思慕雪。

家乡的热带水果

适合调制酸甜味的思慕雪。

· 菠萝	· 苹果	· 香蕉	· 梨	· 克莱门氏小柑橘
· 柠檬	· 无花果	· 石榴	· 葡萄柚	· 番石榴
· 猕猴桃	· 樱桃	· 荔枝	· 橘子	· 芒果
· 百香果	· 黄香李	· 油桃	· 橙子	· 木瓜
· 柿子	· 桃子	· 李子	· 鹅莓	· 葡萄

浆果

加入浆果后制作的绿色思慕雪呈褐色，口感更佳。

· 草莓	· 蓝莓	· 覆盆子	· 醋栗
· 樱桃	· 蔓越莓	· 红醋栗	

果蔬

这些蔬菜可以提高绿色思慕雪中的有机物质含量，口感爽滑，清香四溢，回味无穷。

· 牛油果	· 辣椒	· 黄瓜	· 黄秋葵	· 菜椒
· 小尖辣椒	· 番茄	· 西葫芦	· 嫩豌豆	

果核

这些果核/籽可以提供抗氧化剂和不饱和脂肪酸。

· 梨核	· 石榴籽	· 葡萄柚籽	· 柿子核
· 橙子籽	· 木瓜籽	· 葡萄籽	· 柠檬籽
· 西瓜籽	· 苹果核	· 牛油果核	

生菜和绿叶蔬菜

可以去有机食品店购买，或者从自家花园采摘。

· 巴达维亚生菜	· 菊苣	· 大白菜	· 橡叶生菜
· 野苣	· 苦苣	· 黄瓜叶	· 甘蓝叶
· 水芹	· 南瓜叶	· 韭葱（绿色部分）	· 罗莎绿生菜
· 牛皮菜	· 水菜	· 胡萝卜叶	· 油菜
· 马齿苋	· 红菊苣	· 樱桃萝卜叶	· 糖萝卜叶
· 芝麻菜	· 韭菜	· 芹菜叶	· 菠菜
· 芥菜叶	· 小麦草	· 西葫芦叶	· 洋葱
· 芹菜	· 球茎甘蓝叶	· 红边菜	· 小马齿苋
· 萝卜叶	· 塌棵菜	· 罗马生菜	· 葡萄叶

嫩芽

由于嫩芽中含有大量生物碱，所以建议每周最多食用两次。

豆荚类嫩芽	*谷物嫩芽*	·黑麦	*块茎类蔬菜*	*其他可口的嫩芽*
·豌豆	·荞麦	·小麦	·糖萝卜	·葫芦巴种子
·鹰嘴豆	·斯佩尔特小麦	·小米	·萝卜	·亚麻籽
·兵豆	·大麦	*菜芽*	·樱桃萝卜	·芥菜籽
·苜蓿	·燕麦	·西蓝花	·芝麻菜	·葵花子
·绿豆	·玉米	·蒜	·洋葱	
·黄豆	·大米		·水芹	

花园药草

辅助调味，增加营养。

·罗勒	·野菠菜	·墨角兰	·迷迭香
·香薄荷	·绞股蓝（天堂草）	·薄荷	·鼠尾草
·琉璃苣	·雪维菜	·牛至	·细香葱
·莳萝	·香菜	·香芹	·甜菊叶（注意只需一小块就可以很甜）
·龙蒿	·薰衣草	·胡椒薄荷	·百里香
·茴香	·独活草	·茴芹	·柠檬香蜂草

野生蔬菜类

它们是绿色思慕雪这款绿色神奇饮品中的长生不老仙丹。

· 荠蓂	· 水田芥	· 繁缕	· 款冬	· 毛蕊花
· 香蒲	· 香车叶草	· 问荆	· 蓟	· 连钱草
· 贯叶金丝桃	· 蒲公英	· 酸模	· 浮萍	· 荠菜
· 婆婆纳	· 筋骨草	· 洋甘菊	· 疗肺草	· 西洋蓍草
· 车前草	· 田旋花	· 景天	· 林肯郡菠菜	· 旱金莲
· 蚊子草	· 榕叶毛茛	· 柳叶菜	· 缬草	· 法国香草
· 山柳菊	· 虞美人	· 各类锦葵属蔬菜	· 凤仙花	· 白藜
· 欧洲山芥	· 斗篷草	· 齿叶羊苣	· 三叶草	· 滨藜
· 老鹳草	· 茗菜	· 熊葱	· 菊苣	· 蓼
· 牛蒡	· 蓝蓟	· 野芝麻	· 婆罗门参	· 蕨麻
· 艾蒿	· 匍匐委陵菜	· 犬蔷薇	· 香车叶草	· 水杨梅
· 百金花	· 草甸碎米荠	· 聚合草	· 羊角芹	· 荠菜
· 葱芥	· 胡椒薄荷	· 穿叶春美草	· 野胡萝卜	· 荨麻
· 一枝黄花	· 啤酒花	· 铜钱状珍珠菜		

除了开花的香草外，你还可以采摘特定的野花来装点你的绿色思慕雪。

· 田旋花	· 三叶草	· 报春花	· 紫罗兰
· 蓟	· 毛蕊花	· 金盏花	· 勿忘我
· 雏菊	· 矢车菊	· 玫瑰	· 柳叶菜
· 蓝钟花	· 蒲公英	· 三色堇	· 田孀草的花

叶子/针叶树叶子、乔木和灌木的花朵

新鲜的花朵和叶子是春季美食。

· 枫树	· 花旗松	· 欧洲白蜡树	· 栗子	· 菩提树
· 桦树	· 橡树	· 云杉	· 松树	· 杨树
· 欧洲山毛榉	· 桤木	· 榛子	· 落叶松	· 椴梓
· 洋槐（只食用花）	· 玫瑰	· 黑刺李	· 榆树	· 柳树
· 沙棘	· 冷杉	· 核桃	· 山楂	

果树叶子

· 苹果	· 梨	· 黄香李	· 桃	· 李子
· 杏	· 樱桃	· 橙子	· 欧洲李	· 柠檬

浆果灌木叶

· 黑莓	· 草莓	· 覆盆子	· 蔓越莓	· 鹅莓
· 山梨	· 蓝莓	· 醋栗	· 越橘	· 山葡萄

由于该类植物碘含量较高，所以适合预防甲状腺疾病。

- 水华束丝藻　　・小球藻　　・红藻　　・紫菜　　・海藻　　・螺旋藻

　　下面这些配料只能偶尔小剂量添加，这样制作出来的绿色思慕雪营养价值更高，也才会有特定的食补功效，不过请注意食材的品质！

- 浸泡过的各种种子和坚果　・可可豆　・姜黄　　　　　　　　　　・龙舌兰糖浆

- 椰蓉　　　　　　　　　　・香子兰　・海盐（少量）　　　　　　・蜂蜜

- 浸泡过的各种果干　　　　・生姜　　・调味用的各种调料（如卡宴辣　・抹茶粉
　　　　　　　　　　　　　　　　　　　椒粉、葛缕子、香菜、桂皮、
　　　　　　　　　　　　　　　　　　　豆蔻等）

- 喜来芝粉

　　芦荟可以盆栽，每次可掰下一块果肉放入搅拌机制作绿色思慕雪，如果长得很大就可以只食用叶子里的芦荟胶。

什么不适合做思慕雪？

绿叶蔬菜可以和所有其他食物搭配制作绿色思慕雪，十分简单实用。果实类蔬菜和水果很配，也可以代替水果使用。果实不宜和很硬的根类蔬菜搭配，比如球茎甘蓝、胡萝卜、糖萝卜等，因为果酸和复合碳水化合物的反应过程会加重消化负担。

下列比较坚硬的食物不适合制作绿色思慕雪：

- 茄子
- 荚果（豆子、兵豆、鹰嘴豆等）
- 南瓜
- 胡萝卜
- 土豆
- 欧防风
- 糖萝卜
- 鸦葱[①]
- 芹菜
- 芦笋
- 甘薯（红薯）
- 菊芋

根茎类蔬菜以及南瓜属植物的绿叶都适合做绿色思慕雪，因为它们除了含有珍贵的碳水化合物外（详见30页），叶子还比根部含有更多的维生素，糖萝卜就是典型的例子。

一定条件下可消化的物质

还有一些蔬菜并不适用于所有人的体质，有些人生吃这类蔬菜会消化不良。如果你不确定自己是否适合食用这类蔬菜，可以调制小剂量的此类绿色思慕雪来测试：

- 洋蓟
- 西蓝花
- 茴香
- 蒜瓣
- 韭葱
- 芹菜
- 甜玉米
- 洋葱

添加油类补充物质？

我们的绿色思慕雪中需要额外的脂肪吗？答案是否定的！一方面水果蔬菜的皮、核以及叶子中都含有天然脂肪酸，另一方面为了分解食物，机体并不一定必须通过含有脂溶性维生素[②]的饮食来获取脂肪。普遍而言，那些需要维生素的细胞中也已经通过食用其他含有脂肪的菜肴囤积了足够的脂肪酸，这样才能保证从绿色思慕雪中获得足够的脂溶性维生素。

---

① 鸦葱，属多年生草本植物，常作一年生栽培。原产于欧洲的中南部，盛产于法国。约在20世纪初由欧洲和日本引入我国。

② 脂溶性维生素指不溶于水而溶于脂肪及有机溶剂的维生素，包括维生素A、维生素D、维生素E、维生素K。

营养成分对比

比如糖萝卜就告诉我们为什么说根茎类植物的叶子对于绿色思慕雪而言很有价值。看我 72 变，根茎类植物转身就可以变为可口的沙拉。

① 矿物质：
钙117毫克
镁2.57毫克
钾762毫克
钠226毫克

② 矿物质：
钙16毫克
镁23毫克
钾325毫克
钠78毫克

⑥ 微量元素：
铁2.57毫克
硒0.9毫克

③ 微量元素：
铁0.8毫克
硒0.7毫克

⑤ 维生素：
维生素C 30毫克
维生素A 6326国际单位
维生素E 1.5微克
维生素K 400微克
维生素B_1 0.1毫克
维生素B_2 0.22毫克

④ 维生素：
维生素C 4.9毫克
维生素A 33国际单位
维生素E 0.04微克
维生素K 0.2微克
维生素B_1 0.03毫克
维生素B_2 0.04毫克

思慕雪制作中的核心知识

最好是每日能制作新鲜的绿色思慕雪，可以作为早餐每日空腹享用，因为身体经过一整夜的休息有进食的需求，这时身体对食物的吸收利用能力也是最全面、最理想的。

但是请不要忘记，虽然绿色思慕雪可以喝，但它不是饮料，而是一款可以当作正餐的生食。在食用绿色思慕雪的时候记得不要喝得太饱，要留有适度合理的饥饿感，这不仅有益身体健康，同时这种饥饿感也是身体需要进食补充能量的信号。

除此之外，还有一点很重要：饮食绿色思慕雪后至少间隔 30 分钟才可进食其他食物，以便人体能不受干扰地消化和吸收所摄入的营养物质。

准备过程

制作绿色思慕雪是分分钟的事情，你只需要注意几点小事就可以。

食材需要清洗吗？

最好只洗蔬菜叶，因为这些菜叶显然不够干净，肯定带有泥土或者沙子，比如菠菜、野莒等。水果和蔬菜应该选用那种没喷洒过农药或者没有被处理过的，所以一般而言不需要清洗。尤其是本地的那些水果，水果皮中含有的微量成分可以增强免疫力。只有那些长在地表的蔬菜一定要清洗。

用野生蔬菜和叶子时要注意，最好采摘那些生长在相对比较偏僻的地方的，没有受到废气的污染，也没有狗尿存在的地方。这些地方采摘的野生叶子一般不需要清洗。相反，因为很多昆虫在叶子上排卵，虽然这些卵肉眼不可见，只能通过显微镜才能看到，但它们却可以为人体提供丰富的维生素 B_{12}，这对于那些几乎全素食的人而言是十分有益的。维生素 B_{12} 基本只存在于肉类中，素食主义者因此很容易缺乏这种维生素。

一项美国的调查报告证实了这个事实：如果生食主义者无一例外地清洗所有食物，那么他们很容易因为缺乏维生素 B_{12} 而得病。此外，有证据表明，不洗手就吃饭的小孩比那些特别注重卫生的孩子更健康，免疫力更强。无菌环境更易导致神经性皮炎和消化不良。

重点

不要忘记

加入这些配料开启你的思慕雪实验之旅吧。如果是做给孩子们的绿色思慕雪，那最好在起初阶段加入香甜的水果；如果是做给伴侣的，那或许可以加入柠檬调制一杯带点酸味的能量饮品。不管怎样，有一点是必须坚持的：只能用水果、植物的绿色部分和水调制思慕雪，只有这种简单的搭配，绿色思慕雪才能起到它天然的"药物疗效"。绿色思慕雪并不是什么原料都可以加入的大杂烩！把握这个基本原则：你可以加入一些额外的东西，比如可可、麻籽或者香子兰，不过不要过于频繁。

切碎过程

水果以及像牛油果核、西瓜皮这样坚硬的部分应该粗略切块，以便于搅拌机的刀片能很好地将它们粉碎。同样的，绿叶最好也能提前切碎，以便于刀片搅拌。所以说，你最好准备一个大的砧板，当然一把比较重、刀刃锋利的刀也是必不可少的，为了便于切碎食材，请你选择那种刀刃又平又长的刀。

配料浸水泡软

在使用前把种子、坚果和果干先浸泡在水里，当然也适用于那些刚剥掉皮的新鲜坚果。因为这些食材在干燥过程中产生的酶抑制剂会加重消化负担。在野生环境下，这种抑制剂使得动物不能消化种子和坚果，排出体外后它们还可以发芽繁殖。浸泡过的水不用倒入水槽，倒入搅拌机就好，因为水中已经溶解了很多有益物质，倒掉就浪费了。

准备阶段

先把果实放进搅拌杯中，然后在上面放上植物绿叶、绿芽等。如果把蔬菜放到下面，尤其是在使用功率较小的搅拌机搅拌时就会出现这样的现象：绿色蔬菜缠绕住刀片致使发动机不能正常运转。即使是高效能的搅拌机也需要"下果上蔬"的方式减轻搅拌负担，因为在研磨果实的过程中也会产生一定的汁液，这样搅拌的阻力就会更大。

将所有果实和叶子装入搅拌杯中，然后加水至搅拌杯中部就算一切准备就绪了。

什么时候需要提前研磨？

一般而言，所有的食材都可以一次性加入搅拌机中搅拌，这样既省时又省力。但是有些蔬菜和水果或者比较坚硬的部分还是需要单独加水研磨的，比如甘蓝叶、西瓜皮、冻实的覆盆子，然后再加入比较软的食材。否则的话，打制的绿色思慕雪可能会不够细腻。

小贴士

降温

搅拌机长时间运转后会发热，比如你加入了较多的坚硬食材或者纤维食材，这时搅拌的时间就会比较长，机器就很容易过热。这时你可以把搅拌机关掉一会儿或者在搅拌杯中放入几块冰块来降温。

搅拌多久合适?

搅拌时间要尽量短,研磨配料时要把搅拌机调至最高转速,因为天然食品加热超过体温后其化学成分就会发生变化,一些珍贵的物质就会受损。

思慕雪呈均匀的黏稠状时就表明已经充分搅拌好了,时间的长短取决于搅拌机的功率。高效能的搅拌机只需要 30 ～ 45 秒,发动机功率越小,所用时间越长。请注意,搅拌机里的食材不能过度加热,以免影响品质(详细建议参见上条小贴士)。

如果搅拌过程中出现泡沫该如何应对?

那些含有皂苷的植物在搅拌的过程中会产生泡沫,比如菠菜、香芹或者羽衣甘蓝。一般来说,皂苷对人体而言是很健康的,但是泡沫会降低饮用的乐趣,特别是泡沫还可能会溢出搅拌杯。

一些植物能减少泡沫的产生,比如柠檬、其他酸的柑橘类水果、牛油果以及奇亚籽[①]等。在高效能的搅拌机中可以加入半个牛油果一起研磨,这样

---

① 奇亚籽是薄荷类植物芡欧鼠尾草的种子,原产地为墨西哥南部和危地马拉等北美洲地区。

可以有效地防止泡沫的产生。搅拌间隔放入一两块冰块也可以减少泡沫的产生。

享用绿色思慕雪

搭配你的正常饮食,请你每天喝半升到一升的绿色思慕雪。如果食材新鲜,它会带给你足够的能量。

小贴士

生物光子

1975年,物理学家弗里茨-阿尔伯特·波普(Fritz-Albert Popp)发现了生物光子。生物光子是通过被太阳光激发的电子产生的:能量降低时,生物光子就会发光。这一点从频散曲线的分布也能看得出来,在一片采摘后静置一段时间的叶子上,频散曲线比在一片新采摘的叶子上下降得快。植物和人体从阳光中在细胞层面获得能量和有序的信号。因此本书作者维多利亚·宝特克将绿色思慕雪称作"流动的阳光"。

在存储的过程中，食物中宝贵的生物光子（见 69 页小贴士）会同水果和蔬菜中的水分一起流失。但是有些思慕雪静置几小时后口感更佳，就像杂烩菜一样要搁置片刻才入味。

搅拌还是摇晃？

研磨好的绿色思慕雪静置时间较长时，上面会漂浮悬浮物，然后你会看到明显的分层。这时只需摇晃或者搅拌一下，所有成分又会融为一体，口感也会更好。

美食配美器——因为卖相决定胃口

你可以将这款神奇能量饮品装饰一番，显得秀色可餐后再端上餐桌，特别是当你要邀请那些还从没喝过绿色思慕雪的朋友们时，更要注重装饰。水果以及蔬菜特别能吸引眼球，比如草莓和番茄，它们的颜色与绿色思慕雪的绿色形成了强烈对比，有赏心悦目之感。如果绿色思慕雪做得比较黏稠，那么药草的小叶子和嫩芽也特别适合用来装点思慕雪。那些配料通常也可以起到装饰作用，只要你把它们切得比较艺术就可以了。最好用玻璃杯盛放绿色思慕雪，因为好的卖相能激发胃口。如果把小菠菜作为配料加入，配制的绿色思慕雪就会呈现出诱人的透绿色，这种色彩对于儿童或者思慕雪的初级粉丝来说都是很有吸引力的。

下面这些东西都可以用来装饰绿色思慕雪，比如草莓、蓝莓、灯笼果、柠檬、橙子片、葡萄、醋栗、圣女果、樱桃萝卜、小菊苣叶、嫩芽、香芹、柠檬香蜂草、罗勒、莳萝、琉璃苣花、雏菊、树上有装饰性的叶子和花朵、各种组合的水果蔬菜串，等等。

冷热适宜，随意畅饮

不要喝冰的绿色思慕雪，如果条件允许的话，可以加热到合适的饮用温度再喝。近乎体温的饮料是最宜消化的饮料，因为我们的消化系统不需要消耗额外的能量去给这些液体加热然后再对其进行消化。此外，有一定温度的饮料香味也更浓郁。冬天在水中温热绿色思慕雪后再喝更惬意。

喝绿色思慕雪要像品葡萄酒一样，品尝时要啜饮适量的思慕雪，用舌头对思慕雪来回搅动去品味。这样就可

以感受到所有的芬芳，而且唾液中的
消化酶也才能完全起作用。请你留出
充足的时间来慢慢品味，因为这是一
道全套生食大餐。

思慕雪做成绿色营养汤也很美味。

是喝还是吃？

　　如果你已经是一个忠实的绿色思
慕雪粉丝，而且在这一方面已经有了
一些经验，那你可以再不断实验，发
现新的组合方式。我们通常不会全用
果实来做一款很甜的绿色思慕雪，而
是会添加柠檬和野生蔬菜来调制思慕
雪。品尝浓稠程度各异的绿色思慕雪
可以带来很多乐趣：根据加水量的不同，
做出的绿色思慕雪可以是西式冷汤，也
可以是布丁。在我们的"魔法配方篇"
中你可以找到一些制作的例子。

保存

　　做好的思慕雪最好保存在带盖的
玻璃瓶或者保温瓶中。如果你每天早
上根据当天需要来制作绿色思慕雪的
话，制好的思慕雪在室温环境下可以
放到晚上。如果你想第二天再喝点的
话，那最好把做好的思慕雪放入冰箱。
因为思慕雪几乎不会被氧化，所以第

二天喝仍然很新鲜。必要时你也可以
把思慕雪冷藏起来，不过这样会有微
量营养成分流失。这款能量饮品可以
说是身体重要营养物质的源泉，解冻
后仍含有充足的营养来保证身体健康。

灌注和清洗

　　做好思慕雪后，不要把它放在搅
拌杯中，而要灌入容器中（参见上文），
否则时间太久会在杯壁上留下难以清
理的污垢。用完后请立即清洗搅拌机。
清洗时请在搅拌机中注入一半的温水，
滴入少许清洁剂，然后让搅拌机插电
工作片刻，之后你会惊奇地发现清洗
的污水中有很多泡沫，没有哪种污水
会如此"顺滑"。

魔法配方篇

这一章抛砖引玉，给你列出多种绿色思慕雪的配方，适合初学者，也可以用作美食创新。此外，还有一些配方对你的健康有针对性功效。

基础款思慕雪

在你真正进入绿色思慕雪的美食天地之前，再次提醒你：只能搅拌有机水果和绿色植物，这些食材可以从有机商店、有机农庄购买，或者是采自自家花园，抑或是熟人自己种的。野生蔬菜必须采自那些土壤和空气没有受污染的地方。野生蔬菜起初剂量要小，之后可以慢慢加大。最好食用当地当季上市的食材，同时要相信自己的创造力。接下来我们会给大家介绍一些很可口的配方及其食材在制作思慕雪时的合理比例。因为准备阶段基本都是一样的，所以我们只在第一个配方中进行详细叙述。

甘甜型绿色思慕雪

菠菜大力水手

大约1.5升量： 1个香蕉、2个甜苹果、2把小菠菜、4片球茎甘蓝叶、1个胡萝卜（只取绿叶部分）、1/2升水。

1. 香蕉去皮，粗略掰成块，放入搅拌杯中。

2. 苹果去除花蒂和梗，果肉和籽可以一起搅拌，切成大小相等的4瓣，然后每瓣再横切一刀，和香蕉一起放入搅拌杯中。

3. 放入小菠菜（如果小菠菜中有沙子，则需要清洗）。

4. 球茎甘蓝叶连茎一起切成小块，胡萝卜叶也粗略切小，然后一起放入搅拌杯。

5. 装好食材后在搅拌机中加水至中间位置。

6. 盖上盖子，然后把搅拌机调至最低挡位打开。当刀片触及搅拌机中的食材时迅速将挡位调至最高挡。研磨果实和蔬菜时，尽机器所能研磨到最细。长时间搅拌过程中注意不要让思慕雪过热，以免影响营养价值。

建议： 水量并不是固定的，正如我们在12页所说，主要取决于你个人喜欢哪种浓稠度的绿色思慕雪。食材和水一起大概装到搅拌杯的一半位置，调配表中的重量只是个大概的参考。

建议： 如果你想把绿色思慕雪做成西式冷汤或者绿色布丁，那你只需要少加水，或者干脆不加水，这样的话，在搅拌过程中你需要使用搅拌棒辅助搅拌。

小黄人

大约 1.5 升量: 1 个大香蕉、2 个梨、半棵生菜、4 大片牛皮菜叶（去白/红梗）、2 根香芹（含梗）、1/2 个柠檬的汁、大约 1/2 升水。

南北合璧

大约 1 升量: 2 个橙子（去皮）、4 片羽衣甘蓝叶、1 捆樱桃萝卜（取新鲜绿叶部分）、1.5 厘米新鲜生姜（不去皮）、大约 1/4 升水。

小贴士

多一些柑橘的芳香

有机橙子或者有机柠檬的皮可以用作绿色思慕雪的调料，所以你可以用小刀或者刮刀削下少许皮放入搅拌机搅拌。

棕榈树下的梦

大约 1 升量: 1/2 个菠萝（去皮）、1 个香蕉、2 汤匙瓶装生椰蓉膏、2 把野苣、1/2 根带皮的黄瓜、大约 1/4 升水。

香甜酷饮

大约 1 升量: 2 个芒果（熟透的带皮芒果，去核）、1/2 棵橡叶生菜、1 把羊角芹、4 片罗勒叶、大约 1/2 升水。

草莓园

大约 1 升量: 1 个中等大小的香蕉、125 克草莓、125 克小马齿苋、4 片荨麻叶或 4 根嫩茎、4 颗枣（去核）、大约 1/2 升水。

甜美的梦

大约 1.5 升量: 1 个芒果（带皮，去核）、2 个油桃（去核）、15 颗樱桃（酸甜均可，去核去梗）、200 克野苣、1/2 捆香芹、1/4 个柠檬（去皮）、大约 1/2 升水。

生的、熟的和多彩的

熟透的芒果

牛皮菜 (去梗)

原生枣

生椰蓉膏

营养丰富型绿色思慕雪

绿光

大约 1 升量: 1/2 个牛油果、1 个柠檬（去皮）、1 把小菠菜、4 根芹菜、大约 1/2 升水。

花园美食

大约 1.5 升量: 1 个香蕉、2 个苹果、1/2 棵罗马生菜、1 把果树叶（苹果树、梨树、樱桃树）、1 汤匙亚麻籽（浸泡）、1/2 个柠檬（去皮）、大约 1/2 升水。

小贴士

带苦味的食材

很多蔬菜和水果中本来是含有珍贵的苦味物质的，但是在后来人工培育的过程中人为地去掉了这些有益身体健康的苦味，比如以前葡萄柚、菊苣、红菊苣以及芝麻菜中原来都含有苦味。在有机商店或者农场上买到的这些蔬菜还是保留了原来的品质，带苦味。

提神思慕雪

大约 1 升量: 2 个梨、1 个葡萄柚（去皮，根据个人口味选择偏苦或偏甜、黄色或红色的葡萄柚）、125 克野苣、6 片宽叶车前草叶、大约 1/4 升水。

猕猴桃 & 甘蓝

大约 1.5 升量: 4 个猕猴桃（带皮）、2 个苹果、1 把小菠菜、4 片皱叶甘蓝叶、4 鼠尾草、1.5 厘米生姜（带皮）、大约 1/2 升水。

普罗旺斯的香郁

大约 1.5 升量: 1/2 个牛油果、4 个番茄、1/2 棵苦苣、4 片糖萝卜叶、6 片迷迭香叶、1 片月桂叶、6 个橄榄（无核）、大约 1/2 升水。

黛西的白日梦

大约 1 升量: 1 个大香蕉、2 个橙子（去皮）、60 克芝麻菜、4 片牛皮菜叶（去白梗）、1 把雏菊花、8 片嫩菩提叶、大约 1/4 升水。

新鲜、绿色、有机！

有机柠檬

浸泡的亚麻籽

鼠尾草

糖萝卜叶

小菠菜

儿童版思慕雪

如果够甜的话，孩子们会很喜欢绿色思慕雪的。思慕雪呈绿色，这本身看起来就很酷，如果能再抿上那么一口，想必所有人都会为它的美味所倾倒。

课间专属思慕雪

"它的味道比可乐更好！"当我们邀请一位小学生品尝绿色思慕雪后，他吃惊地这样说道。把绿色思慕雪装入漂亮的饮水杯中带到学校去，课间不仅能补充能量，还能提高上课的注意力。

酷饮集锦

- **绿色营养汤 1 号**：1 个香蕉、1 个苹果、125 克小菠菜、2 汤匙龙舌兰糖浆、1/4 升水。

- **狮心王理查德**：2 个削好皮的橙子、2 把羊角芹、4 朵蒲公英花、1 把无核大葡萄干、1/4 升水。

- **科科尼诺**：2 个去核芒果、2 汤匙生椰蓉膏、6 个干杏（浸泡）、4 片球茎甘蓝叶、4 根香芹、1/4 升水。

- **菠萝薄荷**：1/2 个菠萝、1 个桃子（去核）、1/2 棵罗马生菜、4 片胡椒薄荷叶、2 汤匙龙舌兰糖浆、1/4 升水。

DIY 乐趣无限

　　如果能让小孩子一起来采摘绿色食材或者绿叶，回家后把这些采摘回来的东西放入搅拌机中搅拌，这样小朋友们一定会感到很高兴的。因为绿色思慕雪的制作方法很简单，所以在你的看管下小朋友们也能学习如何自己动手做思慕雪。这样做的另一个好处在于，你可以以此强化孩子们对健康营养饮食的意识。

甜又绿：给小孩子做的思慕雪开始最好不要放草莓、覆盆子和蓝莓，因为加入这些浆果后制成的思慕雪会呈褐色，看起来就没有了那份炫酷的透亮感了。相反，加入苹果、梨、桃和菠萝等水果后制成的绿色思慕雪会呈现那种闪亮的绿色，用小菠菜制成的思慕雪颜色最好!

夏天来啦!

借用那些经典的小模具，你也可以偶尔用甜甜的绿色思慕雪来制作冰棒。轻轻舔上那么一口，绿色思慕雪冰棒就会在口中自动融化，美味久久，使人难以忘怀。在炎热的夏季，你的孩子一定会爱上这款透亮的绿色降温佳品。

用勺子喝的绿色营养汤

绿色思慕雪还适合做成冷汤，只需要在制作时少加一些水，用搅拌棒把食材压低到刀片触及的位置即可制作出这款绿色营养汤，精心装饰一番后就可以尽情享用了。

螺旋藻控

大约 1 升量: 1/2 个牛油果、1 个柠檬（去皮）、1 捆芹菜、1/2 把螺旋藻、1/2 升水。

装饰: 撒上藻类、很薄的芹菜片以及当季的野生蔬菜所开的花朵。

番茄控

大约 3/4 升量: 4 个成熟的番茄、8 个黑色去核橄榄、1 把小菠菜、6 片荨麻叶、4 片榛子叶、1/4 升水。

装饰: 细细的黑色橄榄环，榛子叶盖底，上面放上对半切开的樱桃或番茄。

辣椒百合

大约 3/4 升量：2 个新鲜的无花果、2 个黄色菜椒、1 个小西葫芦、1/4 个青椒或红椒、100 克野苣、4 根莳萝、1 撮喜马拉雅山盐、1/4 升水。

装饰：剁细的莳萝、细细的黄色菜椒条、红辣椒粉。

倾心牛油果

大约 1 升量：1/2 个牛油果、3 个番茄、1 个红色菜椒（去梗）、3 根罗勒、1 根芹菜、小葱（绿色部分）、1/2 捆韭菜、1 撮喜马拉雅山盐、1 撮卡宴辣椒粉、1/2 升水。

装饰：1 个小红椒从根部纵切成长条，放在盛放绿色思慕雪的杯子边上。

小贴士

满满莳萝香

在思慕雪中新鲜莳萝口感细腻。茂密的长长的莳萝茎散发着特别浓郁的香气，农贸市场上就有售，一般用作腌菜的调料。

享用绿色思慕雪布丁

布丁状的绿色思慕雪尝起来也会很可口！与以上提到的几种"绿色营养汤"相比，这种绿色思慕雪中的水果较多，水较少。为了增加黏稠度可以根据配方在1升的思慕雪中加入1～2茶匙浸泡好的奇亚籽，4～6颗枣或2～3汤匙椰蓉膏作为配料。

丝滑香蕉

4份绿色思慕雪布丁：1个香蕉、2个苹果、4颗枣、1/2棵罗马生菜、少许柠檬汁。

装饰：柠檬片、剁碎的生腰果。

小贴士

最好是独奏

一份绿色思慕雪布丁不适合搭配一道煮熟的菜肴作为餐后甜点食用，这种搭配会造成消化障碍。这种布丁可以直接作为零食随意取用，或者在吃完生食后作为餐后甜点享用。

可可椰子

4份绿色思慕雪布丁：2个橙子(去皮)、3汤匙生椰蓉膏（玻璃瓶装）、2茶匙奇亚籽（浸泡）、1把小菠菜、4片牛皮菜叶（去白/红梗）。

装饰：一片橙子、几根椰丝。

菠萝米苏

4份绿色思慕雪布丁：1/2个菠萝、1/2个牛油果、125克野苣。

装饰：一分为二的草莓、1个小野苣。

初学者常见疑问集锦

下面这些问题是绿色思慕雪初学者最常提的问题。

我真的不该在绿色思慕雪中加点油吗？

这真的不需要。制作绿色思慕雪时加入的果核和皮可以提供充足的脂肪酸。即便是为了很好地消化维生素 A 也不需要额外地加入脂肪，因为通过其他进食方式人体细胞内已经储存了足够的脂肪。

虽然加了很多水果，我的思慕雪还是不甜！那该怎么办？

原因通常都是一样的：因为你使用的水果还没有完全成熟。如果恰好贵地这个时节没有本地成熟的水果出售，那你就用香蕉、芒果、菠萝、猕猴桃、橙子等来制作思慕雪。此外还可以加入一小勺生龙舌兰糖浆或者木糖醇，也可加入一些浸泡过的果干或者一片甜菊叶。

虽然我添加了很多不同的十分可口的配料，但是我的思慕雪尝起来总是大同小异。怎么会这样呢？

问题的症结就在于添加了很多配料。不管是刚开始还是很有经验的思

慕雪爱好者都要记住：少即是多！刚开始时只加 1 ~ 3 种水果来搭配 1 ~ 3 种绿色植物。

我平时就有胃灼烧的病症，所以担心吃这些生食会加重病情。我应该尝试一下绿色思慕雪吗？

胃灼烧可能是很多问题的征兆，最可能的就是胃酸过少。如果体内胃酸太少，食物就会滞留在胃里，出现呕吐等症状。这会削弱食道和胃之间的闭合机制，会造成胃酸和食物残留物上反等现象。如果医生只开治胃病的药（比如质子泵抑制剂），胃酸就会更少，蛋白质就更难消化。绿色思慕雪可以缓解这个问题。开始阶段建议每天喝大约 200 毫升绿色思慕雪，同时要注意认真咀嚼，通过细嚼慢咽使口中的食物很好地与唾液混合。

有针对性地摄取绿色能量

如果你能坚持每天喝 1 升绿色思慕雪，人体细胞就能持续有效地得到强化，这有助于你获得全新的生活方式。你单是想想自己每天都能获得充足的人体所需的营养素，就可以使整个身体放松下来。每天坚持喝绿色思慕雪，你就不用再担心身体机能下降或者身心疲劳等症状了。

用下面的方法能够有针对性地预防甚至消除日常劳累。你的整个家庭都能从绿色思慕雪中获益，它不仅能增强免疫力、提高睡眠质量、预防各种疾病、帮助皮肤由内而外排毒，还有益于减肥。当然，你也可以随时毫无目的地享用这种可口的混合物！

一种全新的更健康的生活方式

每天分多次食用绿色思慕雪，总量不超过1升，即可纵享健康和舒适。食用一段时间后，你会发现自己的饮食方式也潜移默化地发生了变化，你更倾向于那些健康食品，跟那些有害食品说再见了。你对那些精致的糖果、快餐、咖啡和酒的兴趣不断下降，相反，对健康食物的直觉判断越来越准。渐渐地，你已经能凭借自己的能力找到有助于提升自己健康水平、增强抵抗力的生活方式了。

多种特殊用途

绿色思慕雪在很多方面都有功效，长期食用思慕雪还能给身体提供很多弥足珍贵的营养物质，身体素质得到加强。但是思慕雪也不是广而不专，你也可以有针对性地调制你的专属绿色思慕雪来提高身体某方面的机能。下面我们将给你介绍几种方式，抛砖引玉，希望能激发你的灵感去思考：该怎么做才能有助于某些方面的健康和舒适。

普遍适用的黄金准则是：每一口绿色思慕雪都能给你提供高浓度的营养物质，比如维生素C、维生素E、生物类黄酮、叶酸、镁、锌、锰、铜、半胱氨酸、ω-3脂肪酸、人体必需的各种氨基酸、食物酶，这些物质有利于延缓衰老。记得尽可能多变化思慕雪的配料，这样才能在享用的过程中获得更多不同的健康因子。

小贴士

适度饥饿感有益健康

"有益健康的饥饿感"这个概念是克里斯坦·迪特里希-奥皮茨（Christian Dittrich-Opitz）在其《被解放的饮食》中提出的概念。其基本思想就是，只有当身体真的饿了时，食物才能被完全消化和吸收。绿色思慕雪就是这样一款理想早餐。因为夜间睡觉禁食，进食会给身体带来负担，身体不得不消耗能量来保存重要的营养物质，将多余的东西排解掉。我们应该尽量避免太晚进食。有研究证明，在我们这种物质过剩的社会群体中生活，长寿的秘诀就是比其他人摄入更少的热量，也就是说只有真正饿了时才应该去吃饭！有了这种"有益健康的饥饿感"时最适合喝绿色思慕雪。

有益于免疫系统

强大的免疫系统能保障身体长久的健康。现在大家都知道细胞所承受的压力对免疫系统有决定性的作用：不仅心理方面会有慢性有害压力，身体每个细胞中也会有这种压力。这种慢性有害压力是诱发疾病、引起衰老甚至死亡的元凶。从生物化学角度来看，在新陈代谢的过程中还会产生氧自由基（氧化压力）以及一氧化氮自由基（硝化压力）。这两种自由基会引起复杂反应，对人体某些机能产生持续损害。

降低对细胞的压力

值得庆幸的是，我们可以通过调节生活方式来影响细胞压力。身心备受压力时细胞压力也会增大，通过休养和深度睡眠可以降低细胞压力。所以对于很多患者，卧床睡觉会很有作用。

特别重要的是我们的饮食，尤其是煎烤类的食物或那种提纯过的糖果、肥肉、精白面粉、人工合成物以及酒精都会产生很多自由基。但是有些食物则会中和自由基，修复部分自由基对身体所造成的损害。绿叶和水果，特别是制成绿色思慕雪的绿叶和水果在这一方面是当之无愧的首选！

有针对性地提高抵抗力

在寒冷的冬季，请你制作绿色思慕雪时加入一些芳香浓郁的调料，如右图所示。可以通过练习瑜伽、蒸桑拿、做有氧心血管循环操、补充睡眠、倾听莫扎特音乐、阅读书籍来增强免疫力。

东方酷饮

大约1升量： 2个橘子（去皮）、2片意大利甘蓝叶、1把菠菜、3颗枣（去核，浸泡）、1厘米生姜（带皮）、1撮豆蔻粉、大约1/2升水。

桂皮星

大约1升量： 1个血橙（去皮）、1个苹果、1/4个柠檬（去皮）、2个干无花果（浸泡）、1/2棵塌棵菜、1小把芝麻菜、1/2茶匙桂皮、大约1/2升水。

祛寒强体的添加品

丁香（磨粉使用）

新鲜生姜

豆蔻（籽磨粉后使用）

红辣椒（小个）

香菜籽（磨粉使用）

桂皮条（磨粉使用）

提高睡眠质量

睡眠障碍是患者向医生抱怨最多的痛苦。这也难怪，因为在这个信息爆炸、媒体无处不在的时代，工作和生活中的压力与挑战是健康睡眠的头号敌人。此外，提神的咖啡、能量饮料以及酒精、高热量的晚餐都会影响睡眠。嘈杂的周边环境或者过软、过硬的床垫也都会降低睡眠质量。

小贴士

早到的睡前甜点

这款"晚安思慕雪"可以作为晚餐食用，但最好不要在快要上床睡觉前才开动，因为这样思慕雪中的有效成分没有足够的时间发挥作用。吃过思慕雪之后到上床睡觉之前的这段时间里也不要玩电脑、看刺激性的电影、吵架或者做运动。如果你喝了较多的酒也会影响睡眠。你最好躺在沙发上打开一本书，或者是和伴侣、猫咪一起惬意地坐在沙发上静静放松，当然散散步也有利于机体尽快进入睡眠状态。

因为绿色思慕雪富含各种营养物质，所以能净化、均衡整个身体，起到提高睡眠质量的作用：如果每天食用绿色思慕雪，一段时间之后你就会发现入睡更加容易，睡眠质量提高。虽然睡眠时间缩短了，但是醒来后更精神了，精力更充沛。高质量入睡6~7个小时后你就可以精神百倍地从床上一跃而起了。

要想享受夜间的静谧和身体的彻底放松，那就该有针对性地在思慕雪中加入一些助眠的植物。这种植物疗法已经有上百年的历史了，主要研究有益睡眠的草本植物。在绿色思慕雪中加入下列配料有助于提高睡眠质量：缬草、啤酒花、贯叶金丝桃、洋甘菊、薰衣草、墨角兰、肉豆蔻、西番莲、草木樨、香车叶草。

添加这些植物时你既可以使用新鲜采摘的，也可以使用风干后的草药。如果想添加风干后的草药则需要在制作这款"晚安思慕雪"前15分钟左右将草药放入碗中加水浸泡。叶子变软后，就可以把碗里所有的东西连同浸泡过其他配料的水一起倒入搅拌机了。

"晚安思慕雪"基础配方

大约 300 毫升量(1 份): 1/2 个香蕉、1/2 个苹果、几滴新鲜的柠檬汁、1 汤匙蜂蜜、3 片牛皮菜叶(去白/红梗)、1 小把菠菜或小菠菜、200 毫升水。

建议: 下面植物的"花叶组合"也适合以上基础配方,可以混合食用。

- 啤酒花和缬草
- 贯叶金丝桃和缬草
- 洋甘菊和薰衣草
- 西番莲和草木樨
- 香车叶草和贯叶金丝桃
- 肉豆蔻和啤酒花

晚间专属

大约 1 升量: 100 克覆盆子、1/3 个甜瓜、1/2 把蔓越莓、1/2 个甜柠檬(去皮)、1 把短柄野芝麻的花和叶(或者花叶野芝麻)、5 朵薰衣草的花朵、1 汤匙蜂蜜、1/2 升水。

心情平和，精力旺盛

绿色思慕雪尤其对身心健康有独特功效。正确配制即可祛除神经性疾病，比如疲乏、神经过敏以及虚弱无力。同时绿色思慕雪还能振奋精神、提高生活乐趣。时下健脑食品风靡各地，其实我们不必去吃那些昂贵的药丸、药粉，很多植物营养丰富，也能达到同样的功效。

天然健脑食品

虽然大脑只占人体重量的 2%，却需要消耗人体四分之一的能量。从血液中获取的葡萄糖是大脑的主要能量来源。尽可能定期提供葡萄糖为大脑"充电"，同时需要注意避免血液中的葡萄糖浓度忽高忽低。但我们平时的饮食习惯却是这样的：我们摄入很多的短链糖分子，大脑像落入了八字形回旋滑道，葡萄糖含量忽高忽低。这种糖分子会使胰腺中的胰岛细胞分泌大量的胰岛素，身体就会感觉虚弱无力，然后又会很想吃糖，这样就陷入了一个恶性循环。渐渐地胰腺功能就会受损，增加了患糖尿病的风险。

在新陈代谢过程中，葡萄糖被从长链糖分子(多糖)中慢慢地吸取出来，然后供给大脑。植物的主要成分就是长链糖，这种糖分子广泛地存在于绿色思慕雪中。

小贴士

健脑食品 Top18

可以加入绿色思慕雪中的最具营养价值的健脑食品有：苹果、牛油果、香蕉、梨、黑莓、蓝莓、可可豆、亚麻籽、杏仁、抹茶粉、辣木、香芹、小马齿苋(如图)、葡萄干、酸模、豆芽、菠菜和核桃。

健脑食品 No.1：抹茶粉

抹茶是可以加入绿色思慕雪中的具有高营养价值的配料，抹茶中含有很多健脑的营养物质。

抹茶是由茶叶的嫩叶制成的。所用的嫩叶多在采摘前被东西覆盖，遮光生长4周，这样叶子就会呈深绿色，而且会产生异常浓郁的香气。

采摘后先用蒸汽杀青，然后烘焙、干燥，接着用天然石磨碾磨成粉末，这样就制成了色泽翠绿的抹茶。这样抹茶中也就含有了整个叶子中的营养，和茶叶一样需用80°C左右的热水冲泡。

日本禅僧茶道中饮用抹茶已经有上千年历史了。它是一种营养价值很高的饮品和食品。

珍贵的营养物质

抹茶含有丰富的维生素A、B族维生素、维生素C以及维生素E、营养价值很高的植物次级代谢产物（比如高抗氧化物质儿茶素和胡萝卜素），还有一些微量元素。特别是抹茶中还含有以茶碱形式存在的咖啡因，可以缓慢地进入身体，起到提神的功效。但是与咖啡不同，绿茶提神效果更持久，更有效。

抹茶之所以有如此卓越功效还要归功于它所含有的表没食子儿茶素没食子酸酯（EGCG），它是茶多酚中最有效的活性成分，属于儿茶素。实验证明表没食子儿茶素没食子酸酯对帕金森综合征、阿尔茨海默病、多发性硬化症、多种癌症、动脉硬化、关节炎甚至是艾滋病等疾病都有预防和缓解作用。

这些原因足以让我们推崇抹茶，每日或者依个人需要定期在思慕雪中加入一茶匙抹茶粉，身体会更健康！但因为抹茶中含有茶碱，所以最好不要晚间饮用，以免失眠。抹茶要避光保存，所以最好是密封后存放在干燥凉爽的地方，以便尽可能保持抹茶的营养价值！

绿色缬草有助于改善神经系统功能

所有维生素都参与大脑运作，特别是 B 族维生素被称作"神经维生素"，是保持神经系统健康的重要元素。

• 叶酸（维生素 B_9）：属于 B 族维生素，缺乏叶酸在德国很常见。每 1 000 个孕妇就有一个因为缺乏叶酸，导致所怀的胚胎神经系统受损（神经管缺陷，比如脊柱裂）。叶酸的拉丁语 folium 就是叶子的意思。深绿色的叶子中含有充足的叶酸，比如菠菜、牛皮菜、野苣以及塌棵菜都含有大量的叶酸。叶酸对热和光都十分敏感。基于这个原因，所以含有这些食材的思慕雪一定要尽量趁新鲜时饮用，备孕期间更应大量服用。

• 维生素 B_1：能有效预防抑郁、记忆衰弱、注意力不集中以及神经损伤。很多绿色植物中都含有这种维生素，比如菠菜、小马齿苋和细香葱。

• 维生素 B_6：对周围神经系统十分重要，周围神经系统遍布全身。菜椒、香芹等蔬菜中都含有维生素 B_6。

• 维生素 B_{12}：虽然人体对这种维生素的需求不多，但是一旦缺乏这种维生素却十分危险。维生素 B_{12} 在肝脏中能储藏很久，以致缺乏这种维生素很难被觉察，所以病症具有隐藏性，最糟糕的是缺乏该维生素会导致神经系统衰退。从现有的知识来看，除了水华束丝藻外，维生素 B_{12} 只能从肉制品中获取。因此素食主义者可以跟医生商议后选择合适的方式补充维生素 B_{12}。

除了 B 族维生素外，维生素 C 和维生素 E 都对神经系统意义非凡，因为这两种维生素是重要的抗氧化剂，能预防脑细胞衰老以及由此导致的病变，比如阿尔茨海默病等。

荨麻、甘蓝类蔬菜、香芹还有水果（印度樱桃和所有柑橘类水果等）中含有大量的维生素 C。菠菜、胡萝卜叶、杏和牛油果中含有大量的维生素 E。

心灵信使

神经细胞间的脉冲传输是通过这些叫作"神经递质"的信使实现的。很多心理疾病都与大脑中该物质的不足或者不均衡有关，比如由于缺乏血清素而造成的抑郁症和由于缺乏多巴胺而造成的恐惧症。

服用这些递质本身是没有任何作用的，因为这些物质不能突破血脑屏障以及大脑的防御机制。要想使大脑及时合成充足的递质，必须保证摄入充足的含有特定氨基酸的食物。这里主要指的是必需氨基酸，比如身体自己不能合成的蛋白质。庆幸的是，这些氨基酸我们都可以从思慕雪中大量获得。

• 色氨酸会在大脑中转化为血清素，血清素对好心情、优质睡眠、性生活和谐可谓功不可没。菠菜、螺旋藻、葡萄干、杏和荔枝都能提供大量的色氨酸。

• 酪氨酸有很多作用，比如预防抑郁和惊惧、刺激人类生长激素的分泌、保持年轻健康等。羽衣甘蓝、香芹、黄豆芽和菠菜中都含有这种氨基酸，生花生中含量最为丰富。

• 苏氨酸能有效保护大脑血管，预防动脉硬化。梨、李子和牛油果中该氨基酸含量特别丰富。

• 异亮氨酸能改善智力，实现心绪平和。这种氨基酸存在于很多植物中，比如豌豆、野苣、牛油果，芝麻中该氨基酸的含量最高。

不饱和脂肪酸"滋润"大脑

大脑有一半是由脂肪构成的，不饱和脂肪酸是最重要的大脑营养来源，尤其重要的是 ω-3 脂肪酸和 ω-6 脂肪酸的比例。众所周知，日本人的寿命比德国人要长，原因就在于日本人脂肪酸的摄取比例更合理，日本人摄取的 ω-3 脂肪酸和 ω-6 脂肪酸的比例为 1∶4，欧洲人却是 1∶20。亚麻籽中脂肪酸的比例是最理想的。

我们总是听说吃鱼可以补充这些脂肪酸，但其实只需在思慕雪中加入 1～2 汤匙亚麻籽就可以给大脑提供充足的营养，同时还能保护你的心血管循环系统、改善消化功能，而且加入亚麻籽的绿色思慕雪口感也会更好，更丝滑。

此外牛油果、核桃和绿叶中都含有充足的不饱和脂肪酸。但是有些坚果含有的 ω-6 脂肪酸的比例过高，比如说榛子，所以建议少量食用这些坚果。

煎、炸、烧烤时，植物油加热会产生反式脂肪，这种脂肪应该特别引起注意，因为它会大幅度增加大脑的氧化压力，胆固醇沉积还会加重血管负担。

锌和硒

要论什么才是真正的健脑妙药，那一定非微量元素锌和硒莫属。

• 一项研究表明，小学生如果定期补锌，学习能力就会明显提高。此外，这种微量元素对抑郁症也有一定的作用。很多食物中都含有锌，当然也包括绿叶蔬菜。如果你能在思慕雪中偶尔加入麦芽、黑麦、可可豆或者芦荟，饮食绿色思慕雪就可以实现你补锌的目的了。

• 硒是重要的抗氧化剂，可以阻止脂肪酸氧化，所以对脂肪物含量高的神经系统意义重大。在含硒土壤中生长的所有植物中都含有硒，只可惜欧洲土壤的硒含量不高。加入绿色思慕雪中的水果、绿叶越多，你获得的重要微量元素就越多。

• 此外，磷、钙和镁都对大脑有益。绿叶和水果中含有大量的此类矿物质。

小贴士

健脑佳品可可豆

可可豆中含有300多种不同的成分，部分物质作用显著。可可豆中含有对神经系统十分重要的多酚（例如花色苷以及抹茶中含有的表儿茶素）、不同神经递质、重要的抗氧化剂和黄酮类化合物。可可豆还可预防神经类疾病，有振奋情绪、抗抑郁的功效。你可以选择食用可可豆或者纯可可粉，要选用有机、天然、高品质的产品，饮用可可粉时温度不超过42℃。

替代品

　　如果配方中有些食材买不到，那你完全可以用等量的相似食材替代。比如可以用香葱代替韭菜，用蓝莓代替其他浆果。制作绿色思慕雪就意味着多样性和创造性。

勺子的智慧

　　大约1升量：1个芒果（去核）、1个橙子（去皮）、1个中等大小的香蕉、150克蓝莓、1汤匙生椰蓉膏（玻璃瓶装）、2把菠菜、4片薄荷叶、6厘米芦荟（去皮）、大约1/2升水。

七巧板

　　大约1.5升量：2个梨、100克蔓越莓、1/4个小西瓜（带皮带籽）、1把白藜叶、4根欧亚连钱草、5片西洋蓍草叶、5片长叶车前草叶、1/2棵卷心莴苣、4棵抱子甘蓝、1撮豆蔻、大约3/4升水。

健脑抹茶

　　大约1.5升量：1/2个熟牛油果（带核）、1个红色菜椒、1/2个柠檬榨的汁、2汤匙抹茶、1/2捆韭菜、8根细香葱、150克小马齿苋、4片牛皮菜叶（去梗）、2根迷迭香的叶子、1撮喜马拉雅山盐、1撮卡宴辣椒粉、大约3/4升水。

健脑可可

　　大约1.5升量：1个橙子（去皮）、2个苹果、3颗枣、1/4个柠檬、2汤匙生可可豆、200克混合生菜、1/2把沙棘叶、1撮豆蔻（新鲜研磨）、大约1/2升水。

排毒解压

绿色思慕雪还有助于清肠和排毒。绿色思慕雪所含的各种成分可以加速新陈代谢的过程。随着年龄的增长，即使是健康的身体也会因为外在环境的影响和饮食习惯而在人体组织中积聚很多有害物质。我们通常把这些物质称作"炉渣"，因为它们就是人体这个高炉里产生的废弃物。

什么是"炉渣"？

"炉渣"就是一些化学物质以及对身体有害的物质的化合物，比如硫酸、氨、防腐剂、农药残余物、软化剂或者重金属成分。特别容易沉积的地方是脂肪组织、结缔组织、骨头、关节以及人体细胞间的位置，即细胞间隙。食用大量肉类产品在摄取丰富的蛋白质的同时也会在细胞膜上沉积蛋白质，后果就是细胞膜越来越厚，干扰营养物质进入细胞以及对其残余物的代谢。这样就会引起很多疾病。"炉渣"还与糖蛋白的化合物关系密切。糖蛋白主要是通过食用烤肉产生的，会损害血管内壁。周围环境中的毒素主要以重金属、农药或者溶剂的形式存在，这些毒素尤其会积淀在神经系统中，造成长期危害。一些科学家认为不断增长的抑郁症和恐惧症与此有关。

清"渣"排毒

想要安全无害地排毒禁食或者减轻身体负担吗？那就喝绿色思慕雪吧！思慕雪的热量低（尤其是你添加的水果较少的话），但却汇集了食物中的精华。104页开始你就可以看到一些具有清洁机体内部功效的思慕雪配方，比如清理体内"炉渣"的配方，以及禁食前后的注意事项。

只喝思慕雪和大量的水

• 你可以按自己的实际情况决定几天时间或者几周时间不吃其他的食物，每天只是喝几杯绿色思慕雪即可，每日饮用量为 2 ~ 2.5 升。

• 搭配不同的食材你就可以调制出种类丰富的绿色思慕雪。比如早上可以添加迷迭香、生姜、胡椒薄荷、桉树叶来振奋精神，晚上添加滇荆芥、薰衣草或者缬草来安神和放松身心。

• 注意保证思慕雪中充足的水量（1升搅拌杯中大约加水400毫升），此外平时还应多喝水或者茶。

• 从药店购买灌肠器定期灌肠也可起到辅助作用，由内而外地清洁身体，排便通气。

日日翻新，营养均衡

接下来的"七日膳食计划"你可以根据自己的需要调整。如果有一两种食材你不喜欢，尽可用相似的食材替换。重要的是早上和中午所喝的绿色思慕雪中的水果和绿叶比例合宜。

工作时你也可以带上绿色思慕雪，工作食疗两不误。如果能自我放松休个假，享受身心充电后的活力，那么效果会更好。同时建议你做点简单的耐力运动、瑜伽或者冥思练习，听听舒缓的音乐，尽量避免分心。

近乎重生

不久之后你就会觉察到，自己更健康了，更有生活热情了，工作效率也更高了，内心变得更加平静，理解

力也增强了。服用绿色思慕雪能深度排毒，所以在起初几天可能会出现轻微的不适症状，正如19页所描述的那样。大多数症状都很轻微，当身体适应了自身的这种转变之后，不适的症状也会慢慢消失。

改变饮食习惯

身体在清"渣"排毒的过程中会慢慢适应绿色思慕雪，并对绿色思慕雪产生依赖心理。在身体排毒过后，最好还能保证每日必备绿色思慕雪，使它成为日常饮食中不可或缺的一部分。请注意排毒过后的身体对食物的需求，很可能你的饮食习惯已经发生变化了，越来越多地需要健康的高营养物质，请遵循身体需求进食。

重点

今天你喝够水了吗？

一般而言，尿液都是淡黄色的，如果颜色太深，那肯定是身体缺水的表现，需要及时补充水分！

第一天 早上

大约 3/4 升量：2 个梨、1 把菩提叶、1/4 升水。

第一天 中午

大约 1 升量：1 个香蕉、200 克黑莓、10 颗枸杞、4 片大牛皮菜叶（去梗）、4 片罗马生菜、1/2 捆香芹、1/4 个柠檬（去皮）、1/2 升水。

第一天 晚上

1/2 升量：4 棵野芝麻、10 朵洋甘菊花、1/2 把菠菜、1 茶匙蜂蜜、1/4 升水。

第二天 早上

大约 1 升量：100 克覆盆子、2 个桃子（去核）、1 把小马齿苋、马齿苋或小菠菜、4 片卷心莴苣叶、2 片球茎甘蓝叶、1/2 升水。

第二天 中午

大约 1 升量：150 克蓝莓、3 个干李子（浸泡）、1.5 厘米生姜（带皮）、4 片蒲公英叶、2 片羽衣甘蓝叶、1 把野苣、1/2 升水。

第二天 晚上

大约 1/2 升量：4 片柠檬香蜂草叶、5 朵洋甘菊花、1 茶匙蜂蜜、1/4 升水。

第三天 早上

大约 1 升量：8 片黑莓叶、2 片酸模叶、100 克小菠菜、1 汤匙亚麻籽（浸泡）、2 个猕猴桃（去皮）、1/2 个橙子（去皮）、1/2 个菠萝、1/2 升水。

第三天 中午

大约 1 升量：1/2 个牛油果、4 个番茄、3 个干番茄（浸泡）、2 根小葱、3 根罗勒、3 根百里香、2 根迷迭香的叶子、1 撮喜马拉雅山盐、1/4 升水。

第三天 晚上

大约 1/2 升量：1/2 个香蕉、1/4 个菠萝、1 个梨、2 片牛皮菜叶（去梗）、5 片缬草叶、1/4 升水。

第四天 早上

大约 1 升量：1 个小木瓜（带籽）、1 个香蕉、1/2 个甜柠檬、1 把菠菜、1 汤匙生麻籽（去皮）、1/4 升水。

第四天 中午

大约 1 升量：1 个香蕉、1/2 个菠萝、7 厘米芦荟叶（去皮）、1/2 棵卷心莴苣、4 根香芹、1/2 升水。

第四天 晚上

大约 1/2 升量：1/2 个香蕉、1 个猕猴桃、1/2 个芒果(去核)、1 个无花果、3 片蒲公英叶、1 根薰衣草、4 片鼠尾草、1/2 升水。

第五天 早上

大约 1 升量：1/2 个香蕉、150 克草莓、2 片薄荷叶、1/2 把羊角芹、3 根繁缕、1.5 厘米香草荚、1/4 个牛油果、1/4 个柠檬（去皮）、1/2 升水。

第五天 中午

大约1升量： 3个苹果、1/4个柠檬（去皮）、1把荨麻叶、1把白藜叶、2片酸模叶、1/2升水。

第五天 晚上

大约1/2升量： 1/4个柠檬榨的汁、1/8个西瓜（带皮带籽）、4片缬草叶、1厘米生姜（带皮）、1/8升水。

第六天 早上

大约1升量： 1个香蕉、1个芒果（去核）、1个苹果、100克绿葡萄或蓝葡萄、2片皱叶甘蓝叶、7片嫩菩提叶、1/2升水。

第六天 中午

大约1升量： 150克蓝莓、50克干桑葚（浸泡）、2个小梨、1把荨麻叶、1把菠菜、1/2升水。

第六天 晚上

大约1/2升量： 1/2个哈密瓜（去皮）、1个桃（去核）、1汤匙生杏仁糊、1/4个柠檬、3片蒲公英叶、3片宽叶车前草叶、2片柠檬香蜂草叶、1/4升水。

第七天 早上

大约1升量： 1个小木瓜、5颗枣、1/4个柠檬、2把菠菜、1/2升水。

第七天 中午

大约1升量： 1个芒果（去核）、1个桃子（去核）、1/2个香蕉、1/4个柠檬、10片西洋蓍草叶、1/2把带花的三叶草、5片长叶车前草叶、1/2升水。

第七天 晚上

大约1/2升量： 2个杏（去核）、70克黑莓、1/2把葡萄干、1/2棵菊苣、1/2升水。

水果味、清淡、易消化

生杏仁糊

带皮和籽的西瓜

香草荚

哈密瓜（皮
和籽也可一
起搅拌）

干桑葚（生食
品质）

绿色思慕雪辅助你的禁食疗法

如果你想采用相对严格的禁食疗法，每天只喝水、茶、蔬菜汁以及果汁，只吃蔬菜米糊的话，那么绿色思慕雪就是禁食之前和禁食之后最理想的能量提供者。

在开始禁食前几天根据个人意愿每天主要或者完全只喝思慕雪。在禁食期间完全放弃食物，包括思慕雪。但每天需要补充充足的水分，每天最少喝 2 升水。

在结束禁食之后，要想重新慢慢适应进食，那么绿色思慕雪将是你理想的选择。第一天只需要喝 1 ～ 2 玻璃杯绿色思慕雪，制作过程中加入少量的不同配料。接下来的几天里要渐渐增加剂量，直到达到你自己的期望值，这个期望值的高低与你的正常饮食多少相关。

禁食期间机体中发生了什么变化？

自然疗法专家以及越来越多的传统医生推荐定期进行禁食疗法以帮助身体排出有害物质。这种疗法还可以减压、排毒，帮助机体再生。禁食期间不仅可以燃烧脂肪，也可以使身体很多组织摆脱沉积的有害物质的负担。下面列举一些禁食疗法的功效：

• 细胞新陈代谢显著提高。该疗法可以消解细胞间隙沉积的蛋白糖。

• 显著减轻心脏循环系统的压力，降低血压，血管壁会变得更有弹性，毛细血管也会重新变得畅通起来。

• 此外，腹部脂肪溶解使得胰岛素分泌趋近正常，血糖指标正常化。

• 腹部脂肪中沉积的有害物质被溶解后排出体外。

由于排毒和排泄过程中正常的生物化学反应，身体会出现一些短暂的不适症状，比如尿酸或者从脂肪组织中排放到血液中的有害物质增加等。因此这时候多喝水显得尤为重要，每天至少 2 升水，也可以喝茶水、麦汁、各种绿色植物汁、含有很多矿物质的自制蔬菜米糊等。在禁食前后可以用绿色思慕雪为身体积蓄充足的营养物质。

减压第一天

大约 1 升量：1 个哈密瓜（去皮）、2 把菠菜、1/4 升水。

减压第二天

大约 1 升量：1/2 个西瓜（带皮带籽）、1/2 捆香芹、1/4 升水。

减压第三天

大约 1 升量：2 个猕猴桃（去皮）、200 克葡萄、1 棵罗马生菜、1/4 升水。

禁食恢复第一天

大约 1 升量：1 个芒果（去核）、200 克葡萄、10 片葡萄叶、1/2 升水。

禁食恢复第二天

大约 1 升量：1 个香蕉、1 个桃子、100 克草莓、1/4 个柠檬、1/2 个圆锥卷心菜、1/2 升水。

禁食恢复第三天

大约 1.5 升量：1/2 个菠萝、1 个梨、1 个香蕉、6 片牛皮菜叶（去白 / 红梗）、1/2 升水。

重点

有意饮用

减压的那几天以及禁食恢复期除了绿色思慕雪之外可以不吃其他东西，但要喝大量的水。每口绿色思慕雪最好都在口中停留片刻，认真"咀嚼"，并有意识地享受它独特的风味。多喝水、慢慢享受也有利于应对饥饿感！禁食恢复期或许会成为你迄今为止喝绿色思慕雪最多最频繁的时期。

减肥，拒绝"溜溜球效应"

绿色思慕雪是减肥者的首选，因为利用绿色思慕雪减肥的过程中你不会感觉到损失了什么东西，不需要学习放弃。你有可口的绿色思慕雪在身边，它丰富的微量营养成分喂饱了身体的每个细胞，同时还在消耗你体内的热量。

营养全面

用绿色思慕雪减肥的好处在于：你不会感到饥饿难耐，减肥后几乎不会出现"溜溜球效应"。"溜溜球效应"指的是在禁食疗法或者减肥后体重迅速反弹的现象。很多人反弹之后甚至比以前还胖：因为身体在减肥过程中基础代谢明显减弱，减肥结束之后的数周中基础代谢仍然维持在低水平，但是这时减肥者却在正常吃喝，所以会导致摄入热量过多，身体由于储存了多余脂肪而变胖。一般而言，喝绿色思慕雪减肥就会避免出现"溜溜球效应"，因为思慕雪是一款高营养价值的食品，而且不含多余热量。如果能注意到以下规则，你可以在一定的时间内达到理想体重，同时还不用担心反弹。

• 作为初学者请按照本书描述制作绿色思慕雪。除此之外不需要你改变自己的饮食习惯。

• 经过几周或者几个月的尝试后找出你最喜欢的绿色思慕雪配方，然后慢慢尝试增加每天的饮用量，至少每天喝 1 升。

• 制作时，随时记得思慕雪中的绿叶比重最少为 50%，绿叶比重越大越好。

• 也可尝试加入一些甜的配料，比如葡萄干、枣、无花果、龙舌兰糖浆、桦木甜汁或蜂蜜。如果你特别想吃甜食的话，不要去吃巧克力，可以向思慕雪中加入大量的以上提到的配料，这样既满足了你的口舌之快，同时还不用担心变胖。

• 如果你已经连续数周每天都能喝 1 升绿色思慕雪，而且感觉很好，那你就可以开启绿色思慕雪减肥之旅了。

• 如果把绿色思慕雪作为"餐间甜品"，那么你也会更少感觉到饥饿。你只需要丢弃那些你很容易就想到的食品。你不需要放弃自己最爱的菜，也不需要减少饭量让自己一直忍受饥饿的痛苦。

• 一旦你打开减肥的"涡轮机"，那就开始了清"渣"排毒、禁食疗法，详情请参见 110 页和 111 页。

黄金芒果

大约 1.5 升量：1/2 个菠萝、1/2 个芒果（去核）、1/4 个牛油果、1/4 个柠檬、1/2 捆香芹、3 片牛皮菜叶（去白/红梗）、1 棵罗马生菜、1/2 升水。

甜蜜的生活

大约 1.5 升量：1 个橙子（去皮）、2 个苹果、5 个干杏（浸泡）、1 汤匙亚麻籽、1/2 棵卷心莴苣、1 把菠菜、4 片球茎甘蓝叶、1/2 升水。

黑莓的秘密

大约 1.5 升量：1 个香蕉、5 个杏、200 克黑莓、1 棵橡叶生菜、1/2 升水。

南方之星

大约 1.5 升量：1 个小木瓜（带皮带籽）、4 个无花果、1/2 个哈密瓜（去皮带籽）、1 个甜柠檬榨的汁、4 片皱叶甘蓝叶、1/2 升水。

实现最佳消化

奥地利营养学家弗朗茨·泽维尔·麦尔（Franz Xaver Mayr）说："死亡的病灶就在于肠道。"他的研究表明，如果肠道能重新正常运转，那么基本所有的疾病都会好起来，甚至完全康复。足够的有益菌是肠道正常运转的必备前提，这些细菌能促进食物消化。一旦有益菌缺失就会出现胃气胀、便秘或腹泻等疾病，通常还伴随有炎症。这些疾病使人体免疫能力下降，同时还会增加患癌症的风险。

保护肠道菌群

绿色思慕雪有利于肠胃的健康消化。植物纤维和叶绿素这两种物质结合起来的力量创造了一个碱性环境，这样肠黏膜就可以再生。非水溶性植物纤维会与水和有毒物质结合，并刺激大肠小肠蠕动，这样排泄肯定会明显通畅很多。这些植物纤维还能治疗炎症，吸附胆汁酸从而降低胆固醇。

非水溶性植物纤维可分解，进入细胞后发挥作用，所以说它们可以有效预防肠癌。像腐败菌、真菌等这些肠道有害细菌被阻隔在细胞外，健康的有益菌则会重新在肠道中聚集起来。

如果定期喝绿色思慕雪，不久你就会感觉到排泄物的气味好多了。这是叶绿素起到清洁作用的结果。20世纪 50 年代叶绿素一经发现就受到美国人的追捧，人们把它当作"天然消毒剂"。那时叶绿素片就用于治疗体臭和口臭。散发出恶臭的那些很难愈合的伤口在当时也是使用了叶绿素才得以痊愈的。用叶绿素片帮助肠胃排泄，降低了大便恶臭的困扰和放屁的尴尬，从而显著提高生活质量。抗生素会明显加重肠道菌群负担，即使在用抗生素治疗后服用叶绿素也有助于肠道菌群的再生。

调节胃酸

要想使胃中的蛋白质能分解为氨基酸，那么拥有充足的胃酸就显得十分重要。如果没有充足的胃酸，那么那些还没有完全分解的蛋白质就会进入肠道，这些未完全分解的蛋白质在肠道发酵、腐化就会加重消化负担。免疫系统也会因此受到干扰，病菌很可能趁机而入。只有足够的胃酸才能很好地消化我们所吃的营养价值丰富的生食。所以说绿色思慕雪有助消化，是完全消化和吸收它所蕴含的营养物质的关键。

绿绅士

大约 1 升量: 1/2 个牛油果、1/2 个黄色菜椒、1 根迷你黄瓜、5 根罗勒、1 根葱（只取绿色部分）、3 个羽衣甘蓝根茎（冷冻）、1/2 捆韭菜、1 撮喜马拉雅山盐、1/2 升水。

甜心塌棵菜

大约 1.5 升量: 1 个皇后类菠萝、1 厘米生姜（带皮）、1/2 个柠檬（去皮）、5 片蒲公英叶、10 片塌棵菜叶、1 汤匙麻籽、1/2 升水。

强力清肠饮

大约 1.5 升量: 1 个香蕉、200 克蓝莓、4 颗枣、1 小把榕叶毛茛、6 片皱叶甘蓝叶、2 厘米生姜（带皮）、1/2 升水。

量子飞跃

大约 1.5 升量: 2 个带酸味的苹果、200 克黑莓、2 汤匙洋车前子、1/4 个柠檬、1 把荨麻叶、1 小把水田芥、5 片油菜叶、3/4 升水。

完美逆时活肌

正确的饮食是青春健康永驻的秘诀。正确的饮食可以避免或者延缓衰老引起的疼痛和疾病。

思慕雪中的自由基捕手

定期摄取充足的自由基捕手（抗氧化剂）是你保持年轻健康的关键。抗氧化剂中和那些在新陈代谢过程中产生的攻击性十足的氧分子，这些氧分子对身体有害，加快衰老过程，这个过程也被称作"氧化"。

日晒、食品添加剂、食物中的有害脂肪（反式脂肪）以及心理和身体压力（也包括高强度运动）都会导致氧化，从而产生很多自由基。维生素A、维生素C、维生素E都是能干的自由基捕手。微量元素，比如锌、硒和铜也是抗氧化剂。植物次级代谢产物中也含有无数的抗氧化剂，比如苹果中的黄酮类化合物、菠菜里的皂素或者番茄中的茄红素。

已知的绝大部分抗氧化剂都隐藏在绿色植物中，所以绿色思慕雪中也一定富含各种抗氧化剂。有些蔬菜甚至含有大量的抗氧化剂，比如甘蓝类蔬菜就含有很多维生素C。高温会破坏维生素C，所以绿色思慕雪可谓是维生素C的理想来源，如你所知，它是完全纯天然物质制成，没有改变食材原有的任何成分。

其他驻颜物质

不只是绿色思慕雪中的很多自由基捕手能帮助我们保持年轻健康，社会公益组织"德国绿十字会"（DGK）指出，很多植物中也含有天然的驻龄物质，对典型的衰老性疾病有针对性功效。

所有甘蓝类植物的营养成分含量都是最高的。冬季如果外面找不到野生蔬菜了，就可以用甘蓝来提高你的思慕雪的营养价值。甘蓝除了含有丰富的维生素C，还含有大量的叶酸，这种物质恰好是绝大部分人身体所缺乏的。叶酸还可以在大脑中起到抑制抑郁和焦虑的功效，并能预防阿尔茨海默病、保护记忆力，使人精神振奋、情绪饱满。

红色或者蓝色的水果含有植物次级代谢产物白藜芦醇，能预防多种与衰老有关的疾病，比如动脉硬化、关节炎、阿尔茨海默病、多种癌症，尤其是视网膜病变。

有些绿色植物，也包括一些蔬菜的绿色部分，根据不同的生长环境含有一定量的微量元素硒。硒可以降低患前列腺癌的风险，中老年人是这种病的高发人群。浆果类比如蓝莓、黑加仑以及蔓越莓中都含有深红色的色素花青素。这种色素能预防癌症，防止神经系统退化，同时还能防止炎症。杏仁中富含锌，能使皮肤光滑。

绿茶特别是日本抹茶，以及可可豆中含有的植物次级代谢产物表儿茶素，都能有效延缓衰老。

一项针对巴拿马地区的库那人的研究证实，长久以来人们常食的可可豆有治疗作用：库那人大量食用可可，把他们与其他地区生活的人对比之后发现，库那人得中风、痴呆症、糖尿病以及癌症的比例明显低于在其他地区生活的人。加入有机可可豆或者抹茶能使你的绿色思慕雪品质更高！相关详细信息请参阅97～100页的内容。

在制作绿色思慕雪的过程中，添加大量的植物纤维和添加配料一样有很多好处，因为植物纤维能降低血压和胆固醇，持续保护心脏和循环系统。

小知识

保持年轻的维生素——维生素K

1929年丹麦科学家亨利克·达姆（Carl Peter Henrik Dam）发现了脂溶性维生素K，相关的其他研究表明，维生素K与骨质钙化有关，对上了年纪的人很容易出现的骨质疏松症有很好的功效。哈佛医学院1999年确认，摄入很多维生素K的女性由于骨质疏松所导致的骨折的概率比那些维生素K摄入极少的女性小30%。此外，维生素K还参与对细胞生长的调节，可以预防各种癌症。维生素K还对血管钙化有很好的疗效，对心血管健康循环意义重大。羽衣甘蓝、马齿苋、细香葱、菠菜、水田芥、抱子甘蓝、西蓝花等蔬菜都是维生素K的重要来源。

青春之泉

大约 1 升量: 1 个芒果（去核）、1/2 个香蕉、1 汤匙抹茶、6 个羽衣甘蓝根茎（冷冻）、1/2 升水。

金苹果

大约 1 升量: 4 个猕猴桃（去皮）、1 个苹果、1 把葡萄干、1 捆香芹、1/2 升水。

格拿纳达

大约 1 升量: 1 个石榴（果肉）、2 个苹果、3 片羽衣甘蓝叶、8 片油菜叶、1 汤匙亚麻籽、1/2 个柠檬榨的汁、大约 1/2 升水。

葡萄西施

大约 1.5 升量: 100 克樱桃(去核)、200 克葡萄、2 汤匙可可豆、1 把葡萄叶、1 把菠菜、1/2 升水。

菠萝沙拉

大约 1 升量: 1/2 个菠萝、2 汤匙生椰蓉膏、200 克野苣、1/2 升椰子汁(生食品质)。

拉贝拉

大约 1 升量: 100 克蓝莓、1 片芦荟（只要果肉）、2 个梨、1 把羊角芹、15 片榕叶毛茛叶（开花前采摘）、1/2 升水。

"绿色神奇武器"辣木

辣木树属于辣木科，是思慕雪家庭中的一颗新星。

辣木原产于印度、阿拉伯半岛、东非、马达加斯加以及非洲西南部。

冬季野生蔬菜生长缓慢，这时辣木就是很好的选择。在绿色思慕雪中加入辣木粉，激活各种营养物质。辣木在气候温和的地方长势十分喜人，后续不断生发蹿升的叶子能够源源不断地给你的绿色思慕雪提供原料。

营养奇迹

根据研究，辣木是地球上营养价值含量最丰富的植物之一。很多营养专家都把它看作"绿色神奇武器"。这不仅是因为它含有超多的抗氧化剂，还在于辣木树叶中含有比例非常高的优质蛋白质。辣木还可以供给我们很多矿物质、维生素和微量元素，

辣木树叶中还含有很多的植物次级代谢产物。

你的绿色思慕雪的最佳搭档

由于其非同寻常的高营养价值，辣木是一种真正的"能量食物"，也很适合作为配料添加到绿色思慕雪中。

天气比较冷时，请你注意储存高品质的辣木粉，比较好的辣木粉主要产自南非和东方的一些小农庄。辣木粉营养全面，是一款不可多得的"能量包"。辣木粉口感温和，可以让绿色思慕雪口味更鲜美。在野生蔬菜匮乏的季节，你完全可以添加 1 ~ 2 茶匙高品质的辣木粉到你的绿色思慕雪中。

绿色思慕雪呵护女性健康

由于绿色思慕雪中含有大量的营养物质、植物次级代谢产物，而且可以调节激素，所以说绿色思慕雪是一款有助于消除女性病痛的食物。

没有病痛的"日子"

定期饮用绿色思慕雪的女性很少患经前综合征，经前很少急躁、易怒以及疼痛。经期抽筋的症状也会得到缓解。原因或许在于绿色思慕雪对机体的协调作用，可以和含有提升情绪和镇痉成分的药草结合起来使用，比如那些真正调理女人的药草：贞洁树①、贯叶金丝桃、斗篷草。如果经期量比较大就可以在绿色思慕雪中加入西洋蓍草，效果十分明显。

绿色思慕雪中碱含量较高，这一点在所谓的"碱禁食"的疗法中得到了证实。一些女性证实，她们在月经前几天除了绿色思慕雪什么都不喝，这样就不会出现经前综合征，而且经期无疼痛感。

改变平时的饮食，加入绿色思慕

① 贞洁树，马鞭草科牡荆属，贞洁树的叶片会让人想起同科的柠檬马鞭草，幸好花色明艳，因此不致混淆。在传统的民间疗法里，贞洁树被用于治疗许多妇科疾病，如产后出血等。

雪，这样也对经前综合征有很好的功效，比如少喝咖啡，少吃糖果、肉、奶制品。绿色植物中的复合碳水化合物不仅能提供"好心情激素"血清素，还能对人体全面健康起到很好的作用。

孕期和哺乳期

那些在孕期经常服用绿色思慕雪的妈妈们向我们讲述了绿色思慕雪在这个过程中的积极作用。孕期服用绿色思慕雪，这样妈妈肚子里的宝宝从一开始就摄入了很多营养物质，有了这些营养物质准妈妈们才不至于缺乏矿物质和营养物质。哺乳期同样也是这样。断奶后你就可以直接给小宝宝喝绿色思慕雪了！

重点

怀孕?

孕期你最好在绿色思慕雪中少量加入药草类植物，用量大约等同于调料，因为有些药草有加剧胎动的作用。安全起见，你最好向医生咨询哪些药草可以放心地使用。推荐首选的是生菜和蔬菜叶。

轻松度过更年期

那些更年期的女性证实，喝绿色思慕雪后更年期的痛苦缓解了不少。这主要可能是生食对激素调节系统起到了作用：很多植物次级代谢产物能起到与激素类似的作用，比如石榴以及总状升麻①。尤其是总状升麻对更年期各种不适症状有独特的效果，它可以通过萃取保存。

缓解泌尿系统病痛

同样，患有膀胱炎的女性也可以通过饮用绿色思慕雪来有效改善病症。有此类疾病的女性可以在制作绿色思慕雪时加入蔓越莓、荨麻叶和桦木叶作为配料。

---

① 总状升麻，又称黑升麻，在美国有很长的使用历史，印第安人饮用煎煮黑升麻根的药汁以消除疲劳，治疗喉痛、关节炎及毒蛇咬伤，但黑升麻更主要用于妇科的一些疾病。

超级女英雄

大约 1 升量： 2 个橙子（去皮）、1 个梨、200 克野苣、4 片斗篷草叶、10 片贞洁树叶、1 汤匙麻籽（去皮）、1/4 升水。

草坪上的维纳斯

大约 1.5 升量： 1/2 牛油果、2 个苹果、1 个石榴（去皮）、1/2 棵橡叶生菜、1 把菠菜、1/2 把西洋蓍草叶、1/4 个柠檬(去皮)、1 小块柠檬皮、1/2 升水。

银星

大约 1.5 升量： 1 个香蕉、2 个苹果、4 个干杏（浸泡）、1/2 个柠檬榨的汁、2 把小菠菜、3 汤匙贯叶金丝桃、1 汤匙总状升麻提取物、1/2 升水。

圣女贞德

大约 1 升量： 2 个芒果、1 个苹果、1 个新鲜无花果、1 小把带花的贯叶金丝桃、2 汤匙西洋蓍草叶、5 片罗马生菜叶、1/4 茶匙甜菊、1 汤匙柠檬汁、1/2 升水。

水精灵

大约 1 升量： 150 克蔓越莓、150 克蓝莓、6 片塌棵菜叶、1 棵荨麻、2 茶匙奇亚籽（浸泡）、2 茶匙蜂蜜、1/2 升水。

绿色思慕雪，美丽初绽放

好肌肤一定是由内而外的！越来越多的女明星神采奕奕地手持一杯绿色思慕雪的照片出现在很多大牌杂志上。

女性和男性一样，在事业成功的道路上颜值也相当重要，绿色思慕雪恰好就是这样一款不仅能补充能量，还能提高颜值的仙药。"真正的美丽是喝出来的"，这是绿色思慕雪诞生以来的口号。每一口你都可以获取满满的营养成分，由内清洁你的肌肤，使肌肤重焕新生，健康有弹性。

绿色思慕雪的功效不仅于此，它还含有消炎成分、保持年轻的抗氧化剂、珍贵的脂肪酸等，这些成分都有助于肌肤对抗外界污染和氧化压力。健康由内而外，光彩照人的外表离不开体内循环的顺畅。

皮肤光滑，头发柔顺，指甲坚固光洁

有关特定植物具有永葆青春功效的记载已有上千年历史。绿色思慕雪含有肌肤所需的成分，能驻颜美肌，使你纵享年轻带给你的魅力。同时头发、指甲也能从绿色思慕雪中获取矿物质和维生素，重新焕发光彩。

小贴士

下列配料能带给你嫩滑好肌肤：

- 水华束丝藻
- 苹果
- 杏
- 荨麻
- 水田芥
- 绿茶叶/抹茶
- 欧亚连钱草
- 款冬
- 可可豆
- 洋甘菊
- 甘蓝叶
- 香芹
- 桃子
- 迷迭香
- 鼠尾草
- 沙棘
- 西洋蓍草
- 螺旋藻
- 野生三色堇

桃面柔情

　　大约 1.5 升量：1/2 个牛油果、4 个桃子、1 个甜柠檬榨的汁、200 克小菠菜、1/2 把问荆草、大约 1/2 升水。

海上女神

　　大约 1 升量：1 个香蕉、8 个杏（去核）、1/2 个柠檬榨的汁、50 克芝麻菜、12 片嫩菩提叶、1/4 把水华束丝藻、大约 1/2 升水。

小蒲公英

　　大约 1 升量：1/2 个菠萝、4 颗枣、2 把羊角芹、4 片款冬叶、6 片蒲公英叶、大约 1/2 升水。

贝利西莫

　　大约 1.5 升量：1/2 个木瓜（带皮带籽）、3 个干无花果（浸泡）、1/2 个加利亚甜瓜（带皮带籽）、1/2 个甜柠檬榨的汁、4 片羽衣甘蓝叶、5 片鼠尾草、大约 1/2 升水。

百里挑一

　　大约 1.5 升量：1 个香蕉、3 个橙子（去皮）、4 个干杏（浸泡）、2 汤匙亚麻籽（浸泡）、1/4 个柠檬（去皮）、200 克野苣、1 捆樱桃萝卜叶、10 厘米芦荟叶（去皮）、1 小根迷迭香的叶子、大约 1/2 升水。

鲜果美人

　　大约 1.5 升量：3 个桃子（去核）、200 克覆盆子、1/4 个柠檬（去皮）、125 克菠菜、4 片球茎甘蓝叶、1/2 把螺旋藻、1/2 升水。

健康美肤植物 TOP5

很多植物有美肤亮颜的功效，在此我们特别为大家推荐 5 种。

蒲公英

　　蒲公英有很强的抗氧化和清洁作用，因为它能辅助肝、胆的运转。几百年前人们就知道蒲公英是一种药草。蒲公英能利尿，在法国人们把它称作"pissenlit"（意为起床小解）。有皮肤或者头发问题以及上火、湿疹、皮屑等问题的人群都可以食用蒲公英。不仅蒲公英的叶子可以加入搅拌机制作绿色思慕雪，花也可以，但是最好去掉花蒂，因为花蒂中含有很多含轻微刺激成分的奶状物。

芦荟

　　到目前为止，芦荟中已有超过 200 种成分被确认有助于维持健康和美丽。它含有的植物次级代谢产物乙酰化甘露聚糖特别有价值，这种物质治疗面很广，从抵御病原体到紧致皮肤都缺少不了它的功劳。这种植物特别珍贵的地方还在于，它富含微量元素锌和硒。你可以从芦荟叶上刮下透明的芦荟胶食用，但是每次最好只食用一点点，因为多食会造成消化不良。

石榴

　　石榴简直就是伊甸园里的珍果，它含有极丰富的抗氧化成分、植物化学成分以及多种微量元素，被称为最健康的水果之一。石榴是一种很棒的抗龄水果，被广泛地应用于各种化妆品中。石榴中红宝石色的果肉以及其他与雌性激素相似的物质，使皮肤更紧实、有弹性、水润。石榴的美味也是其制成的绿色思慕雪的一大亮点。

问荆草

　　问荆草是地球上最古老的植物之一，含有很多硅酸，所以可以增加皮肤弹性。此外这种植物还有利尿、排毒和强化膀胱肌肉的作用。如果你想消脂、去皱纹，那么问荆草是不错的选择。

牛油果

　　牛油果享有"森林奶油"的美誉，含有很多有效成分，能护肤养颜，保你气色红润。牛油果富含不饱和脂肪酸、维生素 E 以及生物素，有利于皮肤细胞以及周围结缔组织细胞的更新。

虽然牛油果含有很丰富的脂肪，但却能降低胆固醇。加入牛油果的绿色思慕雪口感更好，而且还含有奶油状顺滑物质。另外，如果想让硬的牛油果尽快成熟，只需要在装牛油果的纸袋里放入苹果。

用纯自然的方式塑造肌肉

长久以来，人们一直以为真正的肌肉只能通过吃肉来塑造，绿色思慕雪打破了这个多年以来的神话。氨基酸（蛋白质）是塑造肌肉所必需的物质，如果身体不得不从动物性蛋白中获取氨基酸，那么能量消耗就会更大。因为消化系统必须先把氨基酸链分解，这样身体才能吸收个体氨基酸。这样在获得蛋白质的时候能量已经流失了，这些能量本来是可以用来塑造肌肉的。

人体必需氨基酸

植物中的蛋白分子没有那么复杂，因此可以提供更多单一形式的人体必需氨基酸，这些氨基酸也能被身体迅速吸收。

这也解释了为什么素食健身者或者每天喝很多绿色思慕雪的健身者通常情况一周只需要去健身房2～3次，也不需要额外延长训练时间。而且人体能更快地获取很多营养物质，包括天然脂肪酸和蛋白质，由于这些物质保持了其天然品质，所以对人体细胞

的构建也更持久。

想要放松肌肉或者想用天然方法锻炼肌肉的人都说，这样塑造的肌肉更美，而且即使一段时间不锻炼，肌肉也不会迅速消失。

小知识

从绿色植物中获取的蛋白质

这里我们以羽衣甘蓝为例，看看它所提供的必需氨基酸情况。

人体必需氨基酸	成人每天推荐摄入量	每500克生羽衣甘蓝中的含量
异亮氨酸	700 毫克	993 毫克
亮氨酸	980 毫克	1 166 毫克
赖氨酸	840 毫克	993 毫克
蛋氨酸	910 毫克	161 毫克
苯丙氨酸	980 毫克	850 毫克
苏氨酸	490 毫克	741 毫克
色氨酸	245 毫克	202 毫克
缬氨酸	700 毫克	910 毫克

北欧海盗

大约 1 升量： 1/2 个柠檬（去皮）、3 厘米生姜（带皮）、8 个羽衣甘蓝根茎（冷冻）、1 捆香芹、3 片胡萝卜叶、大约 1/2 升水。

无花果靓饮

大约 1.5 升量： 4 个干无花果（浸泡）、200 克蓝莓、1 汤匙生椰蓉膏（玻璃瓶装）、4 片牛皮菜叶（去白 / 红梗）、6 个菠菜根（冷冻）、5 片球茎甘蓝叶、大约 1/2 升水。

诱捕者

大约 1 升量： 1/2 个牛油果、1/4 个柠檬、1/2 棵卷心莴苣、8 片蒲公英叶、1 把荨麻叶、4 个新鲜浅绿色云杉嫩芽、大约 1/2 升水。

超级英雄

大约 1.5 升量： 150 克榴梿、2 汤匙亚麻籽、5 个杏仁（浸泡）、4 颗枣、4 片意大利甘蓝叶、8 片榕叶毛茛叶、5 片西蓝花叶、5 片中等大小的西葫芦叶、3 朵西葫芦花、大约 3/4 升水。

小知识

像动物般强壮

野外最强壮的动物如大猩猩和大象，以及马和牛，都是纯粹的生食主义者，它们吃的绝大部分是那些营养丰富的绿叶。28页的表格列出了肉与蔬菜中的氨基酸含量。

在爱中获得更多的幸福与快乐

如果身体获得了它所需的营养物质，那么得益的不仅是身体层面，还有心理和精神层面，在身心和谐的共同作用下感知能力也会得到提高，也会更富同情心。我们的一切情绪根植于内心，这些会对伴侣关系、朋友关系产生很深的影响，我们感受到他人作为独特个体的存在，认真倾听他们的声音，从内心深处感受与他人的关联。

这些营养物质能加深这种深层的情感，当然，这种情感并不仅仅局限于伴侣和家庭关系，也指人与人、人与其他生物、人与地球之间的紧密关联。

爱的喜悦和活力

如果我们选择生食，那我们与生命打交道的方式就会有所不同。我们获得了魅力和创造力。生命的乐趣不仅加深了我们的感觉，而且也在身体层面对我们的性欲产生影响。

如果我们身体健康，就会感到自己更富魅力，更想获得肌肤之亲。敏锐的感知使生活更放松，更与众不同。很多人说，在饮食绿色思慕雪后他们对身体的接触更加敏锐，亲密时获得了更多的快感。如果伴侣双方每天都能饮用绿色思慕雪，那么性生活会更和谐。

小贴士

爱的咒语

绿色是心脏的颜色，代表着关联、爱情、同情心、心的关爱和康复。邀请你的爱人或者情侣尝尝美味的思慕雪吧！你可以根据季节用鲜花、心状的欧洲甜樱桃、柑橘瓣、香草荚、八角茴香等来装饰你的餐桌或者野餐桌布，用漂亮精致的玻璃杯呈上一款四溢着浓浓水果味的绿色思慕雪，并在透亮的思慕雪中插入一根粗粗的吸管献给你的爱人。要想这次邀请足够诱人，那么你可以选择让这次碰面在浴缸中结束，如果能配上暖暖的热水和香气四溢的玫瑰花那肯定不错。

木瓜控

大约 1.5 升量：1/2 个大木瓜（带皮带籽）、4 个杏（去核）、3 汤匙椰子油、6 厘米芦荟叶（去皮）、1/2 棵橡叶生菜、4 片牛皮菜叶、1/2 个柠檬榨的汁、大约 1/2 升水。

巧克力之吻

大约 1.5 升量：1 个香蕉、2 个梨、2 块菠萝（去皮）、6 个生可可豆、1 茶匙喜来芝粉、2 根莳萝、4 大片罗马生菜叶、1 棵大圆锥卷心菜上半部分、2 厘米生姜（带皮）、大约 1/2 升水。

玫瑰花园

大约 1.5 升量：2 个甜苹果、1 个石榴（只留里面部分）、1/4 个西瓜（去皮）、2 把小菠菜、6 片菩提叶、8 片玫瑰（野生玫瑰或有机玫瑰）花瓣、1 厘米香草荚、1 汤匙龙舌兰糖浆、2 茶匙奇亚籽（浸泡）、大约 1/2 升水。

樱桃天国

大约 1.5 升量：2 个成熟的芒果（去核）、150 克欧洲甜樱桃、125 克野苣、4 根芹菜、1/4 根黄瓜、1/2 个柠檬（去皮）、大约 1/2 升水。

不是治疗方案

　　我们不该产生这样的误解：绿色思慕雪有助于预防多种癌症，在治疗癌症的过程中绿色思慕雪有辅助作用，但是这并不意味着绿色思慕雪能治疗癌症！

预防癌症

　　癌症是一种特别复杂的病症，长久以来即使是科学界对它的理解也并不透彻、完全。大量的数据和研究成果相互矛盾的现象并不少见。我们应该怎么做才能有效地预防癌症呢？

保证植物与人类健康的物质

　　绿色思慕雪是水果与新鲜绿叶植物的纯天然混合物，是高性能的抗癌食物。之所以这么讲是因为植物中含有很多种物质，这些物质保护植物免受危害，比如抵抗细菌、病毒、真菌、紫外线以及空气中的或者降雨时的有害物质，躲避天敌等。这些植物次级代谢产物（比如茶多酚）、维生素、矿物质和微量元素能中和很多对人体细胞有害的自由基，这样产生癌细胞的概率就大大降低了。在防御癌症的过程中起关键作用的是叶绿素（详见30页），叶绿素在人体中也能起到康复作用。

　　茶多酚（比如白藜芦醇就存在于蓝葡萄皮、李子还有蓼科植物里）能激活一种酶，这种酶只存在于癌细胞中，并能使癌细胞自行毁灭。

　　口感苦涩辛辣的绿色植物中也含有其他多种抗癌物质，比如蒲公英里的三萜类化合物。很多抗癌物质就隐藏在甘蓝类蔬菜中，比如硫代葡萄糖苷。

　　甘蓝类蔬菜有抗癌功效，关于这方面的研究很多，研究结果证明每天定期食用200～400克甘蓝就有抗癌效果。法国科学家发现定期食用甘蓝能显著降低患癌风险，同时美国专家证实食用甘蓝能有效预防胰腺癌。

要点回顾

为了充分发挥绿色思慕雪中抗癌成分的功效，你应该注意以下事项：

• 1升绿色思慕雪应该由200～350克的绿叶、100～200克带皮带核的水果制成。水果中的抗癌成分主要存在于水果皮和果核里。

• 基本法则：尽可能多地食用绿叶蔬菜！

• 选用一些含有苦味或者辣味的叶菜类蔬菜：因此你也可以吃点芝麻菜、皱叶甘蓝、蒲公英以及西洋蓍草等口感苦涩或者辛辣的蔬菜。

• 定期更换绿色思慕雪中的配料，尽量使用当季食材。

• 尽可能饮用新鲜的思慕雪，这样你才能从浓缩的生物光子能量中获益。更多信息请参阅69页相关内容。

• 一天分多次食用1～2升绿色思慕雪。同时还应注意身体释放的信号和胃口，因为每个人情况不同，并不是对所有人来说都是吃得越多就越健康。

• 把煎炸类食品、高脂肪食品、精制糖、精白面粉及其制品、快餐和方便食品统统拒之门外，你的身体一定会感谢你的这个决定。

小贴士

健康二重奏

在抗癌物质排行榜中，蓝莓在水果类中位居榜首，甘蓝叶则在绿色蔬菜类中摘得桂冠。甘蓝类蔬菜越绿，抗癌功效越显著！

自己也可以去森林里采集蓝莓，因为在拥有新鲜空气的大自然里放松地行走也有利于预防癌症。

山坡葡萄园

大约 1.5 升量: 2 个小苹果、200 克蓝葡萄、6 个新鲜无花果（或者 4 个浸泡过的干无花果）、1/4 个柠檬（去皮）、12 片水飞蓟[①]叶、1 把羊角芹、大约 1/2 升水。

浆果梦

大约 1 升量: 200 克黑莓、50 克新鲜桑葚或浸泡过的干桑葚、1/2 个柠檬榨的汁、1 把黑莓叶、1/2 把芝麻菜、7 片蒲公英叶、大约 1/2 升水。

酸酸甜甜就是我

大约 1.5 升量: 1 个香蕉、2 个桃子(去核)、150 克覆盆子、1 把覆盆子叶、4 片酸模叶、2 把塌棵菜、大约 1/2 升水。

浅紫撞新绿

大约 1 升量: 1 个小苹果、6 个李子（去核）、3 个干李子（浸泡、去核）、2 个猕猴桃（去皮）、1 厘米生姜（带皮）、8 片糖萝卜叶、4 片牛皮菜叶（去梗）、4 片羽衣甘蓝叶、大约 1/2 升水。

---

① 水飞蓟，一年生或二年生草本植物，高 1.2 米。茎直立，分枝，有条棱。莲座状基生叶与下部茎叶有叶柄，椭圆形或倒披针形，羽状浅裂至全裂，无毛，质地薄，边缘或裂片边缘及顶端有坚硬的黄色针刺。

小贴士

新鲜、诱人

买到球茎甘蓝、胡萝卜、糖萝卜、芹菜后，将它们的叶子切碎后放入过滤的水中，这样能使它们保持新鲜，看起来更诱人。

禾碧

大约 1 升量： 1 把白藜叶、1 把荨麻叶、4 片酸模叶、4 根欧亚连钱草（欧亚活血丹）、1/2 个柠檬（去皮）、2 厘米生姜（带皮）、1/2 升水。

巅峰对决

大约 1 升量： 1 个香蕉、2 个小苹果、1 把荨麻叶、1 把西洋蓍草叶、3 颗枣、1/2 个柠檬榨的汁、1/2 升水。

甜辣酷饮

大约 3/4 升量： 1 个芒果(去核)、1 个苹果、1 厘米生姜(带皮)、1 把荨麻叶、2 片油菜叶、10 朵雏菊、1/4 升水。

热爱森林

大约 1 升量： 1 个香蕉、200 克蓝莓、1 厘米生姜（带皮）、5 片蒲公英叶、2 片皱叶甘蓝叶、1/2 升水。

内容索引

菜单索引

食材索引

如果你对那种特定的食材感兴趣或者想使用掉那些已经买回家的食材，那你可以在本书中找到适合使用这些食材的合适菜谱。

图书在版编目（CIP）数据

绿色思慕雪 /（德）克里斯坦·古德,（德）伯克哈特·海克诗著；刘静静译. 一南京：译林出版社, 2017.9
ISBN 978-7-5447-7031-6

I.①绿… II.①克… ②伯… ③刘… III.①蔬菜－饮料－制作②果汁饮料－制作 IV.①TS275.5

中国版本图书馆 CIP 数据核字（2017）第 184464 号

GRÜNE SMOOTHIES by Dr.Christian Guth and Burkhard Hickisch
Copyright © 2014 by GRÄFE UND UNZER VERLAG GmbH, München
Chinese language copyright © 2017 by Phoenix-Power Cultural Development Co.,Ltd.
All rights reserved.

著作权合同登记号　图字：10-2016-564 号

绿色思慕雪〔德国〕克里斯坦·古德，伯克哈特·海克诗／著　刘静静／译

责任编辑　陆元昶
特约编辑　杜姗姗
装帧设计　Metis 灵动视线
校　对　肖飞燕
责任印制　贺　伟

原文出版　GRÄFE UND UNZER，2014
出版发行　译林出版社
地　址　南京市湖南路 1 号 A 楼
邮　箱　yilin@yilin.com
网　址　www.yilin.com
市场热线　010-85376701
排　版　文明娟
印　刷　北京旭丰源印刷技术有限公司
开　本　710 毫米 ×1000 毫米 1/16
印　张　9.5
版　次　2017 年 9 月第 1 版　 2017 年 9 月第 1 次印刷
书　号　ISBN 978-7-5447-7031-6
定　价　36.80 元